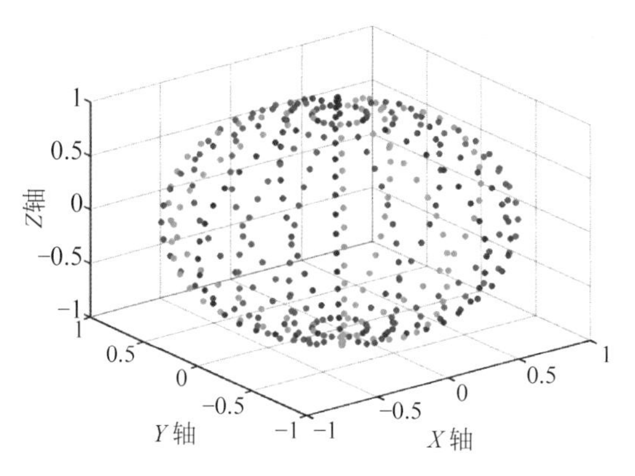

图 3.2　三维空间多姿态测量

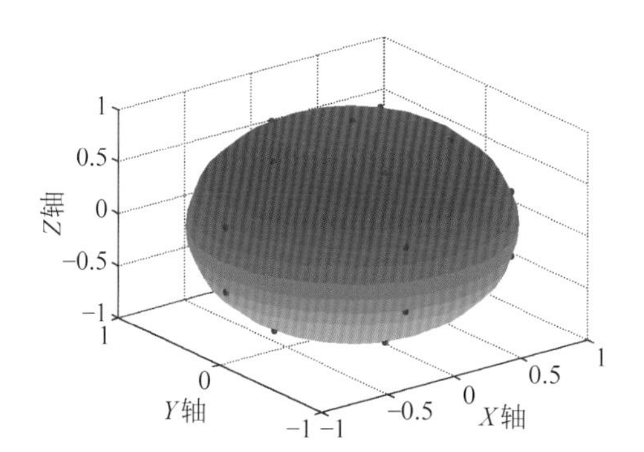

图 3.10　对称采样策略

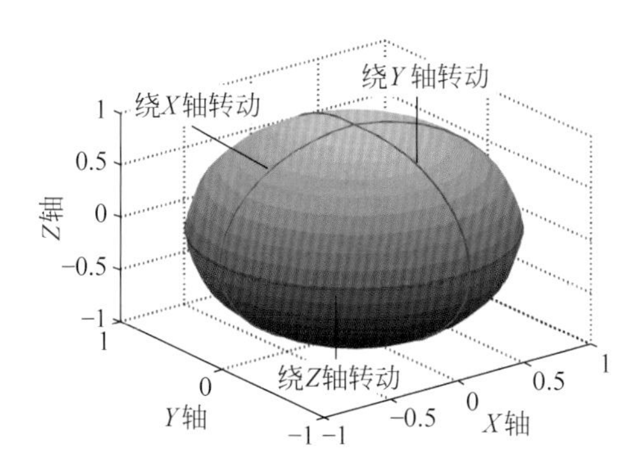

图 3.11　正交采样策略

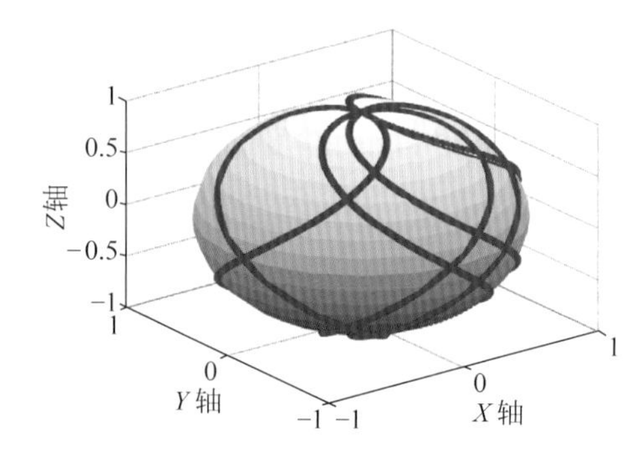

图 3.12　随机采样策略

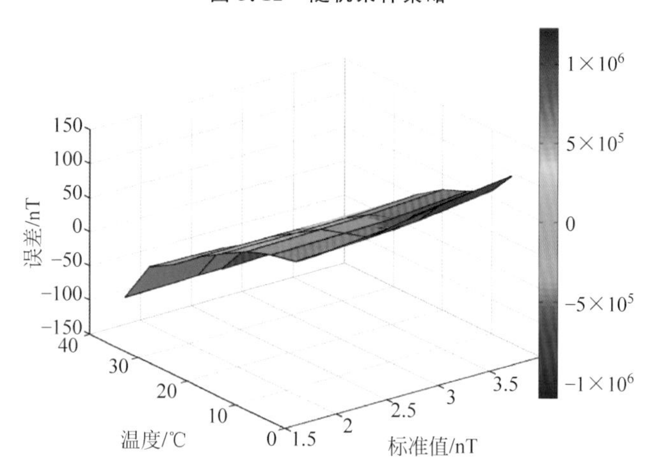

图 3.24　温度补偿前测量误差

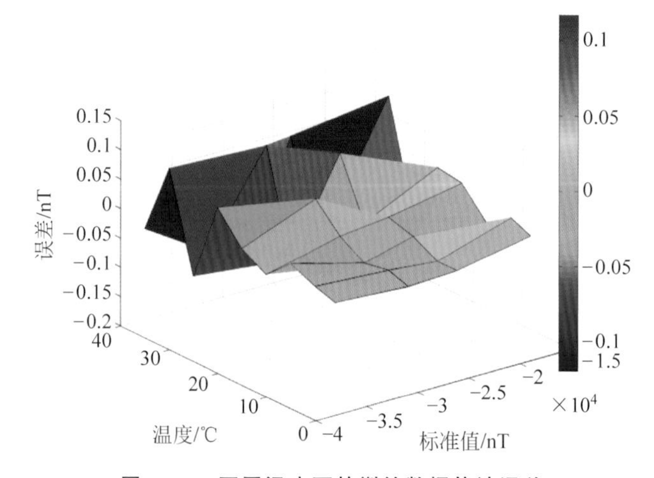

图 3.25　不同温度下的训练数据估计误差

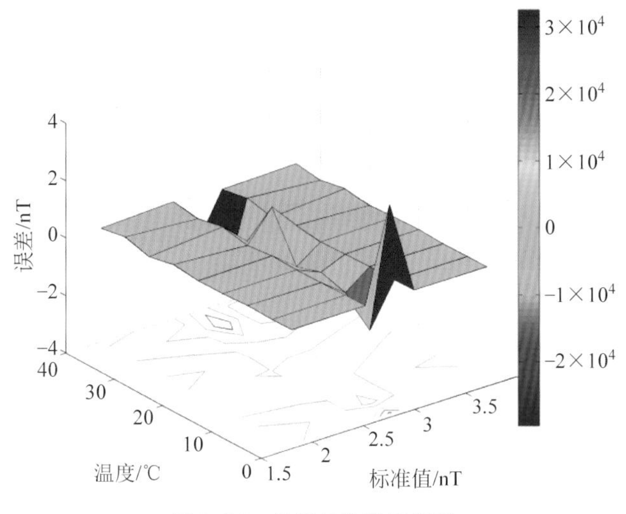

图 3.26　补偿后的温度误差

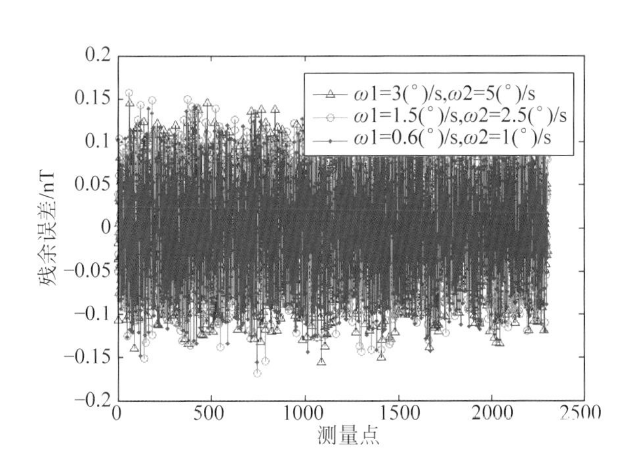

图 5.22　本节模型不同旋转角速率的补偿效果

$\omega 1$ 和 $\omega 2$ 分别为垂直和水平旋转角速率

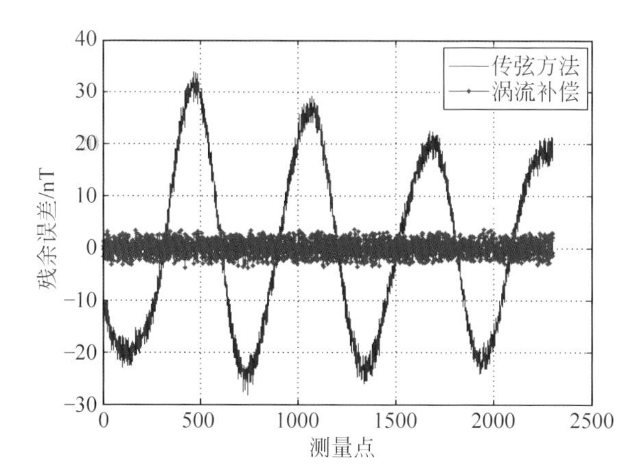

图 5.25 噪声标准差为 **5nT** 时涡流补偿误差

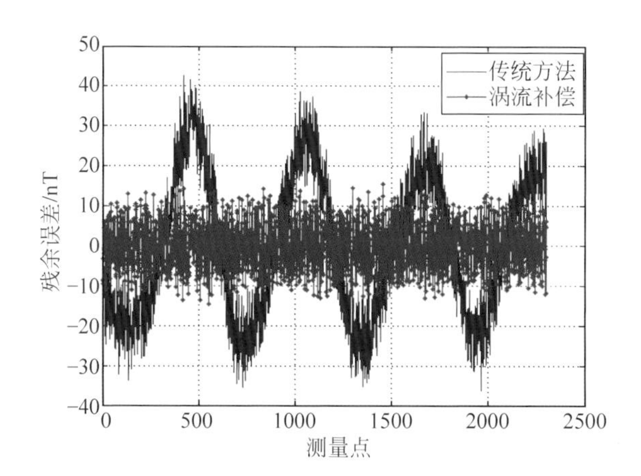

图 5.26 噪声标准差为 **20nT** 时涡流补偿误差

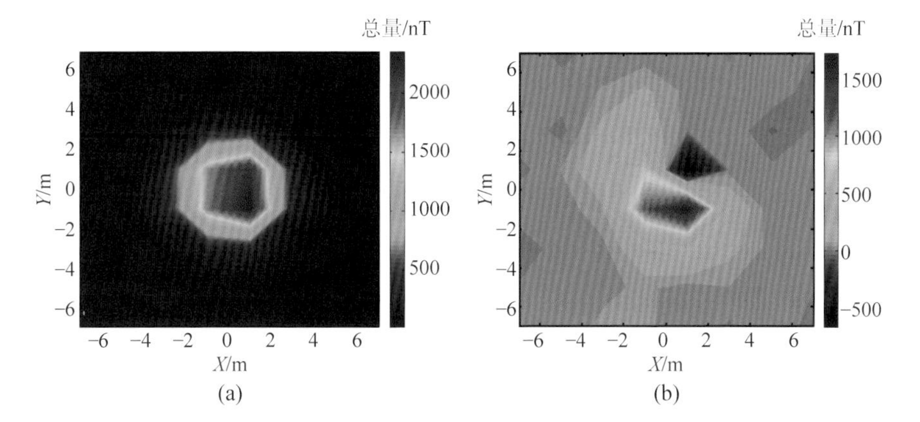

图 6.8 磁异常强度分布

(a) 真实分布；(b) 总量传感器测量值

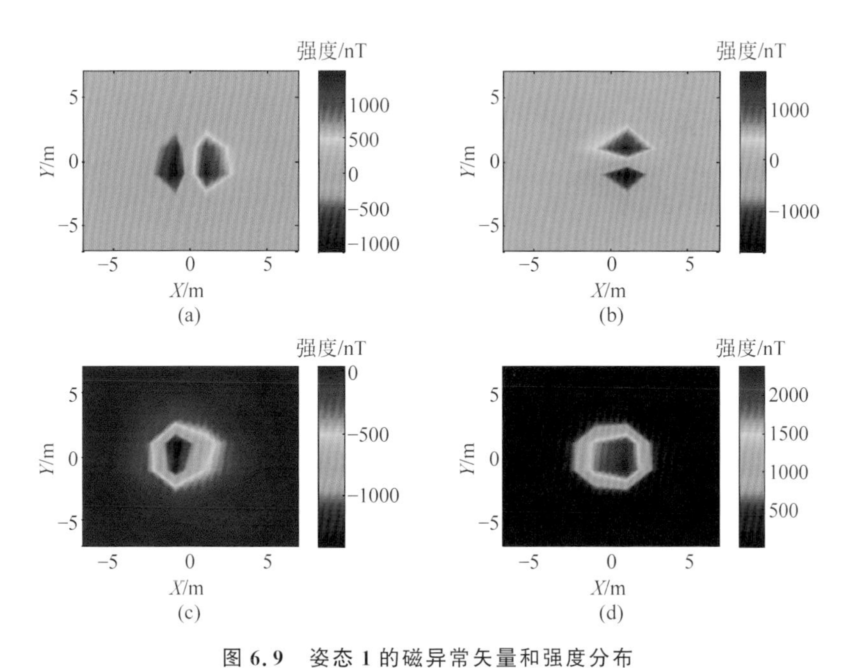

图 6.9 姿态 1 的磁异常矢量和强度分布

(a) 地理西磁异常矢量；(b) 地理南磁异常矢量；

(c) 地理垂向磁异常矢量；(d) 磁异常强度

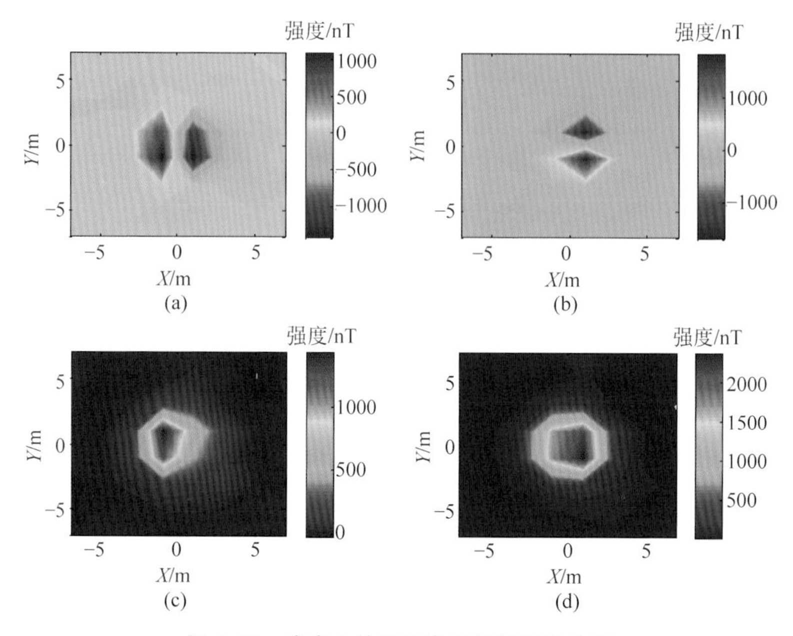

图 6.10 姿态 2 的磁异常向量和强度分布

(a) 地理西磁异常矢量；(b) 地理南磁异常矢量；

(c) 地理垂向磁异常矢量；(d) 磁异常强度

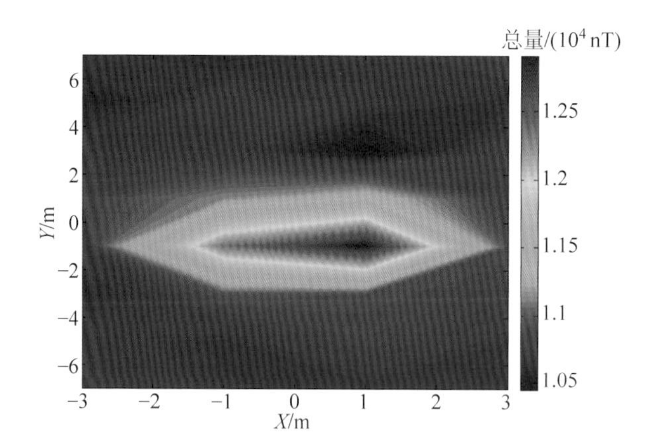

图 6.12 矢量系统磁异常强度测量结果(校正补偿前)

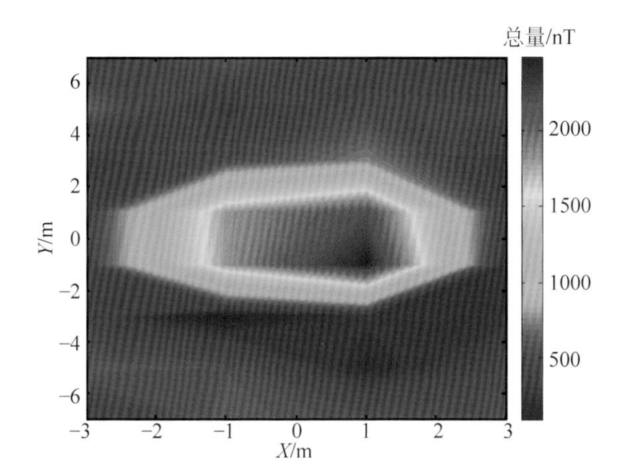

图 6.13　矢量系统磁异常强度测量结果(校正补偿后)

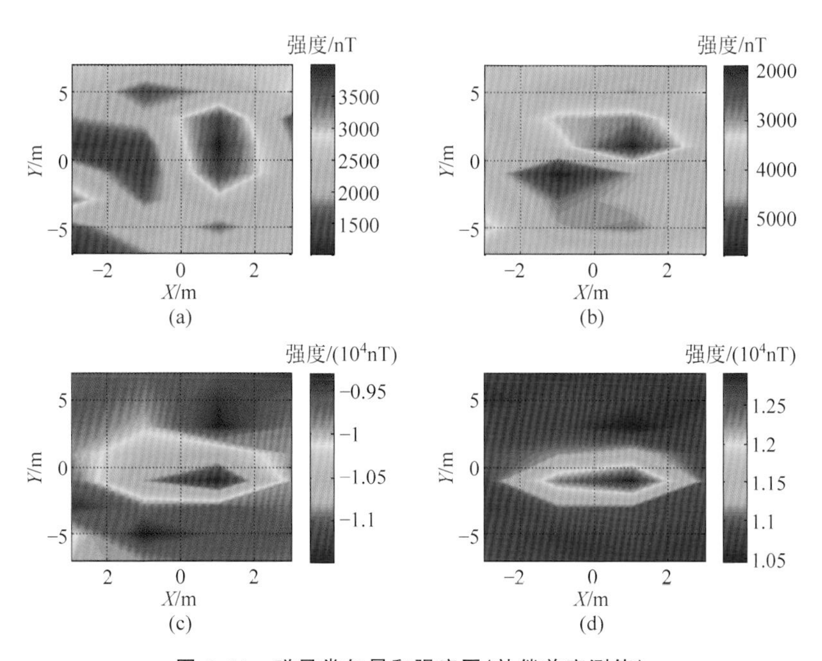

图 6.14　磁异常矢量和强度图(补偿前实测值)

(a) 地理西磁异常矢量；(b) 地理南磁异常矢量；

(c) 地理垂向磁异常矢量；(d) 磁异常强度

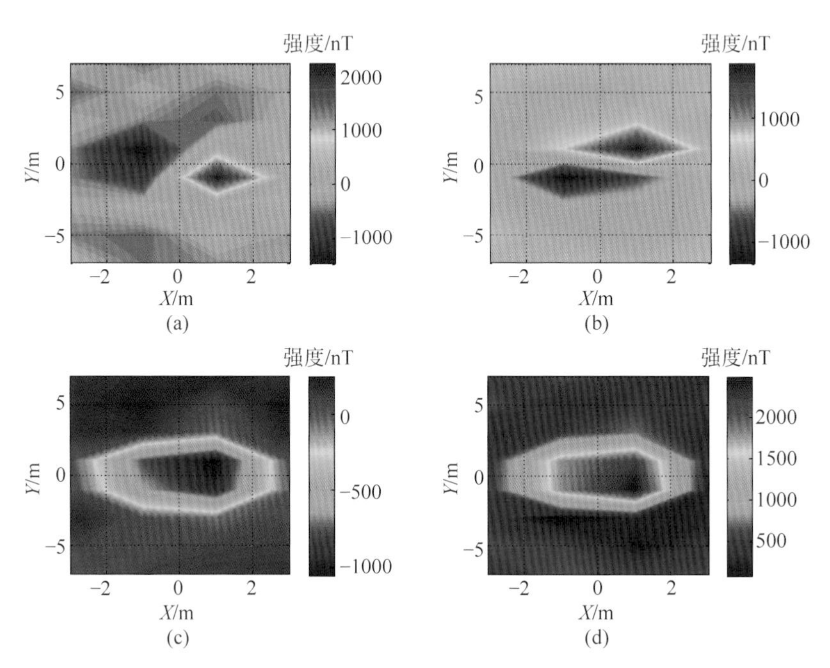

图 6.15　磁异常矢量和强度图(补偿后实测值)

(a) 地理西磁异常矢量；(b) 地理南磁异常矢量；

(c) 地理垂向磁异常矢量；(d) 磁异常强度

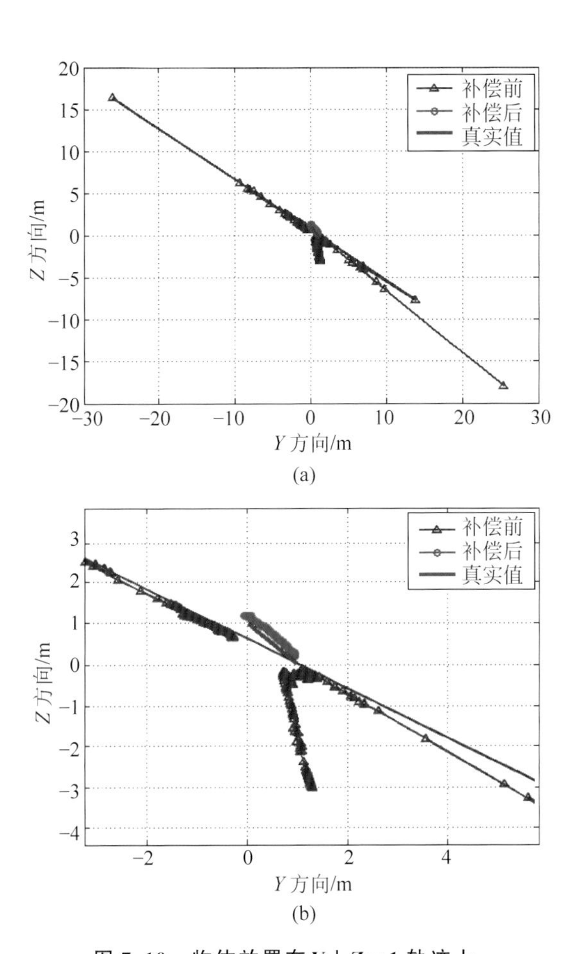

图 7.10　物体放置在 $Y+Z=1$ 轨迹上，

Y-Z 平面上的动态定位结果

（a）整个数据图；（b）局部放大图

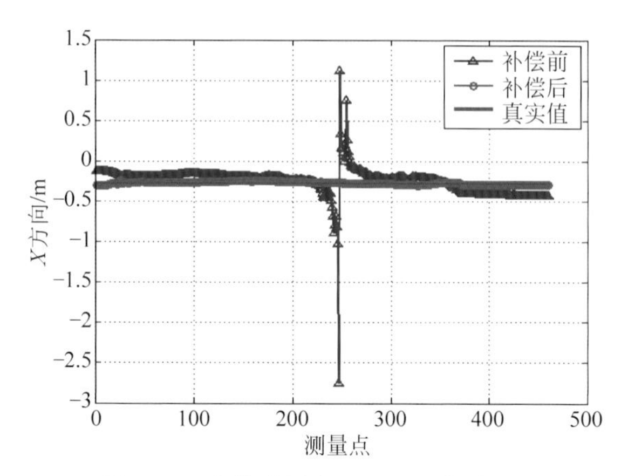

图 7.11　物体放置在 $Y+Z=1$ 轨迹上，

X 方向动态定位结果(放大图片)

捷联式
地磁矢量测量技术

Strap-down Geomagnetic Vector
Measurement Technology

庞鸿锋 著

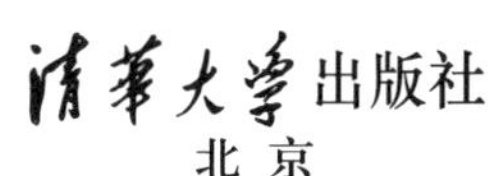
北 京

内 容 简 介

本书重点介绍了捷联式地磁矢量测量系统误差机理、三轴磁传感器校正、惯导与磁传感器坐标系非对准误差校正、惯导干扰分量补偿、系统测试与应用等方面的内容，并基于此建立了一套捷联式地磁矢量测量系统。

本书可供测控技术及仪器、预警探测、地球物理、地质勘探、导航工程等领域的高等院校师生和科研院所研究人员及相关技术人员阅读参考。

图书在版编目(CIP)数据

捷联式地磁矢量测量技术/庞鸿锋著. —北京：清华大学出版社，2023.7
ISBN 978-7-302-63372-3

Ⅰ. ①捷… Ⅱ. ①庞… Ⅲ. ①地磁测量一研究 Ⅳ. ①P318.6

中国国家版本馆 CIP 数据核字(2023)第 068455 号

责任编辑：孙亚楠
封面设计：刘艳芝
责任校对：薄军霞
责任印制：朱雨萌

出版发行：清华大学出版社
网　　址：http://www.tup.com.cn，http://www.wqbook.com
地　　址：北京清华大学学研大厦 A 座　　**邮　　编**：100084
社 总 机：010-83470000　　**邮　　购**：010-62786544
投稿与读者服务：010-62776969，c-service@tup.tsinghua.edu.cn
质量反馈：010-62772015，zhiliang@tup.tsinghua.edu.cn
印 装 者：涿州市般润文化传播有限公司
经　　销：全国新华书店
开　　本：155mm×235mm　　**印　　张**：11.25　　**字　　数**：205 千字
版　　次：2023 年 7 月第 1 版　　**印　　次**：2023 年 7 月第1 次印刷
定　　价：89.00 元

产品编号：099331-01

序言 1

地磁矢量测量在地磁导航、磁目标探测、磁异测量、数字化地球建设等方面具有重要的应用价值。《捷联式地磁矢量测量技术》一书系统阐述了捷联式地磁矢量测量系统的设计、系统误差机理、三轴磁传感器校正、惯导与磁传感器坐标系非对准误差校正、惯导干扰分量补偿、系统测试与应用等理论与技术。

该书针对航空和海洋地磁矢量测量需求,介绍捷联式地磁矢量系统。该捷联式地磁矢量测量系统使用方便、携带方便、通用性强,在航空、陆地和海洋地区均可使用。并针对系统面临的各类误差,提出了具体解决方法。对校正补偿后的矢量系统进行了测试,并应用到区域磁异常测量,验证了地磁矢量测量系统的优势。

目前国内相关人员出版的书籍均以磁标量测量为基础,该书是国内关于地磁矢量测量技术的前沿的研究成果,系统介绍了捷联式地磁矢量测量技术,具有重要的参考价值。

军事科学院系统工程研究院

王沙飞院士

序言2

相对传统的地磁标量测量技术，地磁矢量测量技术是一种磁信息获取新技术，具有保证地磁导航的稳健性、利于目标位置快速判断、利于进行磁异常信号反演和解释等优点，在国防科技和武器装备领域具有很大的应用潜力和广泛的应用前景。目前，在地磁矢量测量研究领域，美国、日本、英国、德国、澳大利亚等发达国家已经走在世界前列。

在国内，移动捷联式地磁矢量测量系统尚处于起步阶段。作者在多年从事该领域研究工作的基础上撰写了《捷联式地磁矢量测量技术》一书，该书介绍的相关系统设计、误差校正技术、测试与应用等成果，具有重要的学术价值。

《捷联式地磁矢量测量技术》重点阐述了捷联式地磁矢量测量系统设计、误差机理分析、校正补偿技术、系统测试与应用，为国内第一部关于捷联式地磁矢量测量技术的专著。该书内容全面、知识新颖，具有丰富的基础理论知识和较强的工程借鉴作用，对致力于地磁测量、磁导航、航空/水下物探的人员及研究者具有较高的参考价值。

中国航天科技集团有限公司科学技术委员会副主任

江帆

前言

地磁场是矢量场，单纯进行总量测量难以获取丰富的磁信息。地磁矢量测量能有效克服标量测量的不足，在地磁导航、磁目标探测、矿物勘探、地质结构分析、地球物理等方面，能提供更丰富的信息，是磁测量技术的发展趋势。

目前，在地磁矢量测量研究领域，美国、日本、英国、德国、澳大利亚等发达国家已经走在世界前列，并将该技术成功应用于航空地质勘探、海洋地质结构分析等领域。在国内，地磁矢量测量技术尚处于起步阶段，影响地磁矢量测量技术的推广。

笔者对其多年从事地磁矢量测量的研究工作进行了系统的总结，整理撰写成书，可为地磁导航、航空测磁、磁目标探测、地球物理研究、矿产勘探、地质结构分析等应用中的地磁矢量测量，提供理论和方法支持。

本书内容安排如下：第1章介绍地磁矢量测量技术的优势、发展现状，以及相关校正补偿技术研究现状。第2章介绍捷联式地磁矢量测量系统设计与误差机理分析。第3章介绍三轴磁传感器校正方法优化研究。第4章介绍惯导与磁传感器坐标系非对准误差校正。第5章介绍磁干扰分量补偿技术。第6章介绍捷联式地磁矢量测量系统的测试与应用。第7章介绍地磁矢量拓展应用及相关校正补偿研究。第8章对相关内容进行总结与展望。

本书对致力于磁信息获取与应用的工程技术人员及研究学者具有较高的参考价值，同时可作为测控技术及仪器、预警探测、地球物理、地质勘探、导航工程等专业领域本科生及研究生的参考书，对从事相关领域工作的科技人员也有较大的参考价值。

感谢国防科技大学潘孟春、陈棣湘、张琦、罗诗途、万成彪、李季、朱学军、陈谨飞等磁测量领域的专家与研究者，对笔者多年以来的指导与帮带。

感谢航天工程大学曲卫教授、朱卫纲教授等的关怀与帮助，使得本书得以与广大读者见面。

感谢军事科学院王沙飞院士，航天科技集团江帆主任、袁仕耿总设计师、孟执中院士，对本书的建议与支持。

由于笔者知识储备与水平有限，书中难免存在错误与不足之处，殷切希望广大读者批评指正。

庞鸿锋

2023年1月

目 录

第1章 绪论……1
1.1 地磁矢量测量的优势与制约因素 ……1
1.1.1 地磁矢量测量能有效提升武器装备的地磁导航能力……1
1.1.2 地磁矢量测量有望提升磁性目标快速探测能力……1
1.1.3 地磁矢量测量有利于磁异常真值测量……2
1.1.4 地磁矢量测量有利于磁异常信息反演解释……3
1.1.5 捷联式地磁矢量测量系统优势明显……3
1.1.6 校正补偿技术至关重要……4
1.2 地磁矢量测量技术研究现状 ……6
1.2.1 航空地磁矢量测量技术研究现状……6
1.2.2 陆地地磁矢量测量技术研究现状……7
1.2.3 海洋地磁矢量测量技术研究现状……8
1.3 矢量测量中的误差校正补偿技术研究现状……10
1.3.1 三轴磁传感器误差校正技术研究现状 ……10
1.3.2 磁干扰补偿技术研究现状 ……11
1.3.3 非对准误差校正技术研究现状 ……12
1.3.4 温度误差补偿技术研究现状 ……13
1.4 本书研究内容及安排……14

第2章 捷联式地磁矢量测量系统误差机理分析 ……16
2.1 系统结构设计……16
2.1.1 地磁要素及相互关系 ……16
2.1.2 系统构成 ……17
2.1.3 测量原理 ……18

2.2 系统误差机理及数值分析…… 19
2.2.1 磁传感器误差影响 …… 19
2.2.2 惯导误差影响 …… 25
2.2.3 非对准误差影响 …… 25
2.2.4 惯导干扰影响 …… 29
2.2.5 误差影响规律分析 …… 33

第3章 三轴磁传感器校正方法优化研究 …… 39
3.1 三轴磁传感器校正算法…… 39
3.1.1 传感器误差模型 …… 39
3.1.2 Levenberg Marquardt 校正算法 …… 40
3.1.3 算法性能比较 …… 45
3.2 数据采样策略影响…… 48
3.2.1 采样策略设计 …… 48
3.2.2 实验分析 …… 49
3.3 磁传感器非线性的一体化校正…… 52
3.3.1 传统误差模型 …… 53
3.3.2 非线性一体化校正模型 …… 53
3.3.3 非线性一体化校正实验分析 …… 56
3.4 基于最小二乘支持向量机的温度误差补偿…… 58
3.4.1 补偿原理 …… 58
3.4.2 温度误差补偿仿真分析 …… 59
3.4.3 温度误差补偿实验分析 …… 62

第4章 惯导与磁传感器坐标系非对准误差校正 …… 67
4.1 基于磁场/重力在固定坐标系投影不变原理校正法 …… 67
4.1.1 校正原理 …… 67
4.1.2 固定坐标系投影不变原理校正法实验分析 …… 70
4.2 基于磁场/重力在平面垂向投影不变原理校正法 …… 76
4.2.1 校正原理 …… 77
4.2.2 平面垂向投影不变原理校正法实验分析 …… 79
4.3 两种非对准校正法效果对比…… 83
4.4 重力扰动分析…… 85

4.4.1　重力扰动引入的惯导测量误差 …………………………… 85
4.4.2　重力扰动引入的非对准误差 …………………………… 87
4.5　加速度计固定误差分析…………………………………………… 91
4.5.1　加速度计误差引入的惯导测量误差 ……………………… 91
4.5.2　加速度计误差引入的非对准误差 ………………………… 93
4.6　加速度计校正……………………………………………………… 96
4.6.1　基于模量法的加速度计校正原理 ………………………… 96
4.6.2　加速度计校正仿真分析………………………………… 100

第5章　磁干扰分量补偿技术………………………………………… 102
5.1　总量补偿法失效性分析 ………………………………………… 102
5.1.1　理论分析……………………………………………………… 102
5.1.2　总量补偿法失效性仿真分析……………………………… 104
5.1.3　总量补偿法失效性实验分析……………………………… 106
5.2　基于直角台的分量补偿方法 ………………………………… 108
5.2.1　基于直角台的分量补偿原理……………………………… 108
5.2.2　基于直角台的分量补偿法仿真分析……………………… 109
5.2.3　基于直角台的分量补偿法实验分析……………………… 110
5.3　基于相对姿态信息的分量补偿方法 ………………………… 113
5.3.1　相对姿态补偿法原理……………………………………… 113
5.3.2　基于相对姿态信息的分量补偿法实验分析……………… 114
5.4　基于基准地磁信息的分量补偿方法 ………………………… 115
5.4.1　基于地磁信息的干扰模型………………………………… 115
5.4.2　补偿原理……………………………………………………… 117
5.4.3　基于基准地磁信息的分量补偿法仿真分析……………… 118
5.4.4　基于基准地磁信息的分量补偿法实验分析……………… 120
5.5　几种分量补偿方法对比分析 ………………………………… 120
5.6　载体运动下的涡流磁干扰一体化补偿研究 ………………… 122
5.6.1　涡流补偿模型………………………………………………… 123
5.6.2　涡流一体化补偿仿真分析………………………………… 123
5.6.3　涡流一体化补偿实验分析………………………………… 125

第6章 捷联式地磁矢量测量系统的测试与应用…………………… 129
6.1 捷联式地磁矢量测量系统测试 …………………………………… 129
6.1.1 系统构建……………………………………………………… 129
6.1.2 实验设计与测试……………………………………………… 130
6.2 基于地磁矢量系统的区域磁异图绘制 ………………………… 134
6.2.1 磁异测量仿真………………………………………………… 134
6.2.2 磁异测量实验………………………………………………… 136

第7章 地磁矢量拓展应用及相关校正补偿研究…………………… 140
7.1 主动式磁目标定位系统设计及其工作原理 …………………… 140
7.2 基于无磁转台法的磁传感器阵列校正 ………………………… 143
7.2.1 阵列校正原理………………………………………………… 143
7.2.2 校正实验设计………………………………………………… 146
7.2.3 校正与定位实验结果………………………………………… 146
7.3 磁传感器阵列干扰综合补偿 …………………………………… 148
7.3.1 综合分量补偿与定位理论…………………………………… 148
7.3.2 定位实验设计………………………………………………… 150
7.3.3 定位实验结果………………………………………………… 151

第8章 总结与展望…………………………………………………… 155
8.1 主要研究成果及结论 …………………………………………… 155
8.2 工作展望 ………………………………………………………… 158

参考文献……………………………………………………………… 160

第1章　绪　　论

1.1　地磁矢量测量的优势与制约因素

1.1.1　地磁矢量测量能有效提升武器装备的地磁导航能力

地磁导航是基于地球固有磁场特征，实现高精度自主导航的一种新方法，它提供的地磁信息可用来修正潜艇惯导系统的累积误差，避免了潜艇浮出水面借助GPS修正带来的安全隐患，从而提高潜艇的隐蔽性和水下续航力。当巡航导弹跨水域、平原地带飞行时，地形特征变化不显著，借助地磁导航可提高巡航导弹自主导航的能力，确保巡航导弹的精确打击能力。因此地磁导航具有广泛的应用前景，其关键技术之一就是如何有效地获取地磁信息。

目前，已见报道的地磁导航技术大部分通过以下两种途径来实现地磁导航：①地磁匹配技术；②地磁滤波技术。这两类技术都基于地磁场总量信息，由于测量信息单一，只有地磁场总量大小，在应用过程中存在一定的局限性。对于地磁匹配而言，当载体在平行的地磁等值线上穿越运动时，容易出现多个匹配结果的现象；而对于地磁滤波而言，当载体在地磁等值线上运动时，滤波无法做出正确估计，导致导航滤波器的发散。地磁场信息丰富，包含地北向分量、天向分量、东向分量、磁场总量、水平磁场强度、磁偏角、磁倾角等元素，更利于地磁匹配导航。地磁矢量与地理位置的经纬度和高度一一对应，若采用矢量测量，不仅可以提供地磁场总量信息，还能获得磁偏角、磁倾角等信息，从而可以保证地磁导航的稳健性。因此，地磁矢量导航是地磁导航技术未来的发展趋势，而地磁矢量导航的基本前提是实现动态环境下的地磁矢量测量。

1.1.2　地磁矢量测量有望提升磁性目标快速探测能力

目前，磁异常测量仍广泛应用于潜艇探测。总量磁传感器常用于探测潜艇引起的磁异常信号。当反潜载体与潜艇在近距离点相遇时,磁异常总量将发生波动,从而判别是否存在潜艇。然而,总量测量丢失了磁异常的方向信息,从而降低了磁性目标探测效率。事实上,基于磁异常总量的反潜方式仅能判断有无,难以实时判断方位,在实际运用中需要反潜载体按一定的规划路线反复搜索,才能够确定潜艇的大致位置,整个过程费时费力。该方式仅能在某个区域判断有无,无法定位与识别。理论上,矢量信息更加丰富,利于目标快速判断;且通过地磁矢量和张量信息,可直接进行磁目标位置定位。

1.1.3 地磁矢量测量有利于磁异常真值测量

总量传感器常常被地球物理学家用于勘探,测量磁场强度,可称为TMI测量。在许多资源勘探情况下,总量传感器测量的缺点常常被忽略。磁场是一个矢量场,地球磁场与磁异常方向不同时,总量测量并不能真正代表磁场强度或方向。因此,由于没有考虑矢量方向,总量磁传感器获得的磁场强度并不能代表异常场的大小。

磁异常与地磁方向如图1.1所示,地磁场矢量为$\boldsymbol{F}$,其总量为$|\boldsymbol{F}|$,磁异常矢量为$\Delta\boldsymbol{F}$,当磁异常方向与地磁方向不一致时,这两个磁场进行矢量叠加,叠加后矢量为$\boldsymbol{T}$,采用总量传感器测量的磁异常值为

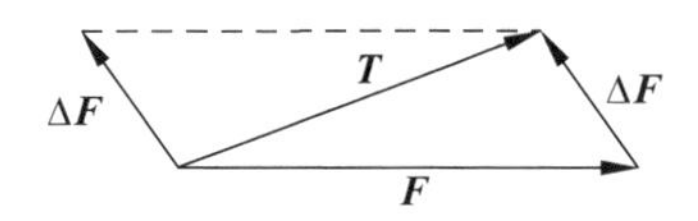

图1.1 磁异常与地磁矢量关系图

$$\Delta\boldsymbol{T}=|\boldsymbol{T}|-|\boldsymbol{F}| \tag{1.1}$$

然而,磁异常真值为

$$\Delta\boldsymbol{F}=|\boldsymbol{T}-\boldsymbol{F}| \tag{1.2}$$

当磁异常矢量与地磁场矢量方向不一致时,$\Delta\boldsymbol{T}\neq\Delta\boldsymbol{F}$,无法获取磁异常真值。

表1.1显示了磁异常与地球磁场(50 000nT)强度方向垂直时的测量结果。TMI测量异常强度等于测量的总强度测量值减去地球磁场强度,但是不同于真正的异常强度。除了地球磁极点地区外,在大部分区域的磁异常分量均大于磁异常总量,在东太平洋地区磁异常分量幅度为150nT,但是表现出总量异常只有20nT。

表1.1 磁异常强度的测量结果(TMI测量)

真实强度/nT	50	500	5000	50 000
测量强度/nT	0.025	2.5	249.4	20 710.7

1.1.4　地磁矢量测量有利于磁异常信息反演解释

总量传感器另一不足之处在于无法测量矢量信息，难以进一步判断磁性物体姿态。因此，在磁异常大的区域，TMI 测量不但难以准确测量磁异常强度，而且难以获得物体姿态信息。

实现地磁矢量测量技术具有广阔的应用价值，更有利于地质结构分析、矿产与石油勘探、地球物理研究、区域地磁场建模等。采集不断丰富的数据信息一直是地球物理研究的主题，磁勘探应尽力扩展采集信息的种类及数量，因为丰富的数据信息，有利于提高反演解释的准确性，以及降低多解性风险，从而提升磁勘探解决实际地质问题的能力。磁矢量测量与传统磁测量方式相比，所采集的数据数量和类别大幅提升，有利于图形分析，而且不同类别数据的分析结果可以相互印证，更利于进行磁异常信号反演和解释。实现磁矢量测量已经成为国土资源部航遥中心和国家海洋局等单位的迫切希望。原国土资源部航遥中心曾计划在“十三五”时期实现地磁矢量测量，并进行地磁矢量图普测。

原国家海洋局旨在实现海洋区域地磁矢量测量，增加海洋区域地磁资料，提高地质调查和研究水平。地磁矢量的实现，有利于研究海洋地质构造、海底物理特征、构造演化、地壳变化、断裂带分析、海底矿产探测等。“十一五”期间，国家“863 计划”就准备大力发展我国海洋地磁矢量测量技术。

1.1.5　捷联式地磁矢量测量系统优势明显

传统磁矢量测量法主要有经纬仪测量法、机载矢量测量法、船磁测量法。经纬仪测量法仅能在固定地点测量、操作烦琐；机载矢量测量法设备昂贵、安装烦琐，测量结果受飞机抖动影响大；船磁测量法同样受到水浪抖动影响。另外，目前缺乏可携带、操作方便、通用性强的矢量测量系统，研究捷联式矢量测量系统意义重大：

(1) 在地磁台站，经纬仪测量是传统的地磁矢量测量方法，该方法必须放置于一个稳定地面上，人工进行仔细调节和读数。该方法无法用于航空矢量和其他地方矢量测量。

(2) 传统机载矢量测量，采用稳定惯性平台，设备昂贵，而且安装后难以拆卸，需要研究安装方便、可便携、成本低的捷联式测量系统，并且受飞机抖动影响小。飞机需要飞行一定高度，由于磁信号衰减快，不利于磁异常探测，采用便携式地磁矢量测量系统，便于放置于飞机吊舱内，提高探测距离。

(3) 传统机载矢量测量中，为了避免机体干扰，磁传感器通常安装在机底、机翼或者尾翼，天气状况对测量结果影响大，遭遇气流、雨雪等天气时，飞机存在抖动，磁传感器姿态发生无规则抖动，影响测量结果。采用捷联式地磁矢量系统，惯导能更稳定地为磁传感器提供姿态信息。

(4) 除了陆地测量和机载磁场矢量测量外，还可用于传统方法难以测量的地方，例如，水下。传统的经纬仪测量法和机载矢量测量均无法测量水下地磁矢量，采用捷联式矢量系统，可用于水下磁异常信息的矢量测量。

(5) 传统船载式地磁矢量测量，磁传感器受载体干扰影响大，测量噪声大。捷联式系统可采用拖曳形式，避免船载体干扰。

(6) 全球地磁模型的建立，主要依靠地磁台站矢量测量结合卫星矢量测磁，经过插值的办法，建立全球地磁模型。但是在某些区域地磁环境与全球地磁模型存在较大差异，如果需要建立区域地磁模型，捷联式地磁矢量系统受到操作限制较少。

总之，捷联式矢量测量系统有如下优点：①当磁异常方向不同于地球磁场时，可克服 TMI 测量的缺点。②根据磁异常矢量信息，可判断磁性物体姿态，也有利于地质结构分析和找矿。③与传统的机载测量相比，该系统便携、成本低，而且受飞机抖动影响小。④不仅可以用于机载测量，而且在小区域磁异常测量更有效。⑤除了陆地测量和机载磁场矢量测量，可用于传统方法难以测量的地方，例如，水下。

1.1.6　校正补偿技术至关重要

捷联式地磁矢量系统中磁传感器本身存在误差，工艺手段难以解决；惯导与磁传感器安装位置较近，干扰达到数千 nT，传统的航空总量补偿法无法用于磁干扰分量补偿；惯导与磁传感器坐标系存在非对准问题，无法直接进行坐标传递，这几类问题均成为地磁矢量测量制约因素。

1. 磁传感器误差

三轴磁传感器普遍存在刻度因子、零偏及非正交误差；同时，三轴磁传感器的测量精度还会受到非线性和温度影响。这些都是影响磁场测量精度的关键因素。英国的 Bartington 磁通门传感器和德国的 DM 磁通门传感器是目前三轴磁通门传感器的最高水平。MAG03 系列三轴非正交误差达到 0.5°；DM-050 非正交度高，在测量地磁场时仍能引起几十 nT 的误差。Honeywell 公司的 HMC1043 型三轴 AMR 磁传感器，其 Z 轴正交误差达到了 1°，除此之外，磁传感器刻度因子误差和零偏引起的测量误差达到数十 nT。这将给三分量地磁矢量测量带来大量的误差。

2. 惯导干扰误差

为了保证激光陀螺惯导内部正常工作，通常采用大量坡莫合金进行磁屏蔽；而且惯导外部包含各类钢质材料，在测量中不断切割地磁场磁力线，不断被磁化，产生干扰磁场；另外，惯导内部结构复杂，产生的干扰磁场机理复杂，不同工作状态下，惯导干扰磁场也不相同。磁干扰通常分为硬磁、软磁、涡流场、杂散磁场和低频电磁场干扰。感应磁场随地磁场和载体姿态等因素变化。捷联式地磁矢量测量系统中，磁传感器与惯导捷联，距离较近，严重影响测量精度。

3. 磁传感器与惯导之间的非对准误差

捷联式地磁矢量测量系统由磁传感器和惯导捷联构成，惯导为磁传感器提供航向角、俯仰角、横滚角姿态信息。地磁矢量测量系统在安装过程中不可避免地会存在一些误差，其中，磁传感器测量轴与惯导测量轴之间的坐标系误差称为“非对准误差”。“非对准误差”成为影响地磁要素测量精度的重要因素，通过机械对准方法难以解决非对准问题。在地磁环境下，1°的非对准误差可引起几百 nT 的矢量测量误差。

4. 温度误差

磁通门传感器虽然可实现高分辨率，但温度漂移无法避免，因为磁芯、感应线圈和电子元件等关键零部件的性能都受温度影响。温度依赖性的原因之一是环形磁芯材料和骨架材料存在热应力效应。温度作为一个主要的因素限制多种传感器的精度，温度漂移引入的误差比磁通门的噪声高几个数量级。温度漂移误差可达到 2nT/℃。系统的温度漂移影响高精度磁测量。

可见，研究地磁矢量测量技术意义重大，而解决好三轴磁传感器等误差校正补偿问题变得十分关键。

1.2 地磁矢量测量技术研究现状

美国、英国、德国、澳大利亚等发达国家已经广泛应用地磁矢量测量技术。根据应用区域可分为三类：陆地地磁矢量测量、航空地磁矢量测量、海洋地磁矢量测量。

1.2.1 航空地磁矢量测量技术研究现状

20世纪40年代，美国贝尔实验室和军械实验室共同设计了基于磁总量的航空潜艇探测系统。第二次世界大战后，美国军械实验室E. O. Schonstedt等认为总量传感器无法真实反映磁异常强度和方向，对该航空设备进行了改进，安装了分量磁通门传感器，初步尝试测量地磁矢量，并用于地质勘探，该成果发表到*Science*杂志上。当时的航空地磁矢量系统设备庞大、复杂，磁传感器和姿态测量系统均未实现一体化：①磁通门传感器刚刚发展，还没有产业化，所以设计的磁通门传感器体积大，系统复杂，需要靠指针记录电压计输出值，而目前已实现小型化、一体化。②姿态测量系统没有成熟，而且姿态测量没有实现一体化。主要依靠阻尼式摆针，通过电压计的指针输出值获取姿态信息，测量飞机姿态倾斜程度：俯仰角和横滚角。通过机身前方的星光仪测量航向角，其中航向测量装置机械复杂，飞机飞行方向改变后，通过机械刻度盘转动角度读数记录航向角。③对天气状况和飞行状态要求严格。要求飞机稳定平缓飞行，如果有加速过程，那么钟摆由于惯性也会偏移，产生虚假的角度信息，其他抖动情况同样影响测量结果。

1973年，美国NASA研究中心研发了一套航空地磁矢量测量系统，惯导姿态测量精度约为0.1°，并在北太平洋地区进行了地磁矢量测量。1997年，Parker等对磁矢量剖面图频谱特征进行了分析，并进行了消噪。1989年，再次实施了航空地磁矢量测量，直到2003年，Homer-Johnson和Gordon利用该测量数据，识别了赤道太平洋地区的海底磁条带。2003年，澳大利亚科学家采用稳定惯导平台，实现了航空地磁矢量测量，并成功应用到矿产勘探，引起地球物理相关专家的关注。该系统稳定平台上的惯性仪器为飞机提供姿态信息，稳定平台定向精度约为0.003°。通过固定于机身的三个磁通门传感器和惯性仪器可计算地磁矢量。剔除一些粗大误差，该航空地磁矢量测量系统的矢量测量噪声水平约为60nT，并应用到西澳大利亚Rocklea条带状含铁地区的地质分析。

从航空磁测技术发展历程看，21世纪初期，航空矢量磁测应用到矿产勘探。目前我国尚未实现航空矢量测量。为了提供更丰富的磁场信息，"十三五"时期，原国土资源部准备实现航空矢量测量技术，填补我国缺乏地磁矢量技术的空白。磁测工作由总量测量升级为矢量测量已经成为必然趋势，届时将极大提升航空磁测工作的勘探水平。

1.2.2　陆地地磁矢量测量技术研究现状

1832年，高斯发明了一种测量地磁水平强度的装置，通过水平悬挂一个条状磁铁和磁针，计算地磁水平强度和磁铁磁矩。20世纪六七十年代，Fanselau和Primdahl等设计了安装磁通门传感器的经纬仪。在地磁场七要素测量中，磁通门经纬仪主要测量磁偏角和磁倾角，精度高，成为陆地测量地磁矢量的标准仪器。在地磁台站，同样主要采用磁通门经纬仪测量地磁矢量。国内外均采用人工方式调节经纬仪，进行磁偏角、磁倾角测量。磁通门传感器矢量响应性良好，当传感器轴向与地磁场方向正交时，传感器输出值为零。经纬仪正是基于该原理，获取磁偏角和磁倾角，并进一步计算其他地磁要素。经纬仪测量法仅能在平稳的陆地上进行测量，测量过程烦琐，而且只能测某一个位置的磁场矢量，难以进行大范围和区域测量。

1936年，"中央研究院"物理研究所陈宗器使用smith磁传感器和地磁感应仪，在沿海城市进行了地磁矢量测量，随后在广西、福建进行了地磁矢量测量。20世纪40年代，地质调查所和中央气象研究院的李善邦、刘庆令、胡岳仁等采用地磁经纬仪，分别在西南地区、南海岛屿、西沙群岛、四川北碚等进行了地磁矢量测量。从20世纪50年代到21世纪，中国科学院地球物理研究所人员每隔十年进行一次全国地磁测量。20世纪50年代，刘庆令等在宁夏、甘肃和东北地区进行了地磁矢量测量，主要采用smith磁传感器和地磁感应仪。20世纪60年代，任国泰等20多人在全国超过四百个地点进行了地磁要素测量。1964年，出版了1∶8 000 000的中国地磁图（包含4个地磁要素）。20世纪70年代，徐振武等30多人在全国超过一千个地点进行了地磁矢量测量，这是真正意义上的全国地磁普测。20世纪70年代末80年代初，徐振武、夏国辉、任国泰、郑双良等20多人在全国198个地点进行了地磁矢量测量，设备与20世纪70年代设备一样，1978年后，引进了质子磁力仪测量地磁总量。20世纪90年代，夏国辉、郑双良、魏宏等10多人在全国156个地点进行了地磁矢量测量，在此期间，均采用CZM-2型质子磁力仪测量强度，磁偏角与水平强度测量与以往相同，

1986 年后，引进了 DIM-100 型地磁经纬仪。20 世纪末 21 世纪初，田玉刚、文继平、王居易等在全国 118 个地区进行了地磁矢量测量，绘制了 2000 年版地磁图，同样采用 CZM-2 型质子旋进磁力仪和 DIM-100 型地磁经纬仪。进入 21 世纪，中国地震局地球物理研究所绘制了 2005 年与 2010 年的中国地磁图。近年来，国内一些地磁研究人员提出了地磁矢量测量的研究思路，申请了专利。西北工业大学的葛致磊等提出了一种简易式地磁矢量测量方法，2012 年获得了国家发明专利授权，该方法忽略了惯导与磁传感器之间存在非对准的误差。郑州微电子科技有限公司的丁跃军等设计了一种铝制外壳的磁偏角和磁倾角测量仪，2013 年获得实用新型专利授权，该发明与经纬仪类似。2013 年，高建东发明了一种高精度地磁矢量测量方法及其装置，通过在总量磁力仪外附加线圈，施加强度相同、方向相反的激励磁场，测量施加磁场前后合成磁场，计算地磁场矢量，2013 年获得国家发明专利授权。北京工商大学李宏静等设计了一个地磁要素测量仪器，由亥姆霍兹线圈、小磁针、刻度盘、电源、电流测量装置和导线组成。改变线圈电流，根据激励磁场和指针变化角，可计算地磁水平分量。

1.2.3 海洋地磁矢量测量技术研究现状

海洋地磁矢量测量主要有两种方式：船载和拖曳。在船载式测量方面，德国阿尔弗雷德-魏格纳极地及海洋研究所、日本东京大学海洋研究所、韩国 KORD 研究所、英国地质调查局开展了相关研究。早在 20 世纪初，德国学者在南极海域尝试了地磁水平分量测量；20 世纪 60 年代左右，在红海等区域进行了地磁矢量测量，当时测量值均未补偿。2000 年左右，德国阿尔弗雷德-魏格纳极地及海洋研究所在某些特定型号科考船上进行了地磁矢量测量，系统包括分量测量传感器、高精度惯导，惯导航向角测量精度约为 0.08°，横滚角、俯仰角测量精度为 0.019°，同时进行了相关校正试验，该系统能测量幅值 50nT 以上的磁异常。20 世纪 70 年代，日本倡导地球动力学计划，开发了一套地磁矢量测量系统（STCM），该系统使用一个定向陀螺仪和垂向陀螺仪测量姿态，定向陀螺仪测量的航向角测量精度约为 0.017°，俯仰角和横滚角由垂向陀螺仪控制，精度约为 0.08°。1977 年，初次实验测量地磁总量、地理垂向值。两年后，对 STCM 进行了改进，改进后测量精度达到(50±20)nT，并采集到海山地区的地磁矢量。之后 STCM 系统广泛用于日本及其他地区海洋地磁测量。1990 年，该系统用于测量日本盆地海底磁化强度，研究日本盆地构造。1992 年，该系统用于南极洲

Enderby 地区断裂带研究。1993 年，Seama 等采用测量的异常矢量确定磁边界位置和走向，分析了洋壳磁条带和断裂带。1995 年，Korena 对滤波器进行优化，提高了 STCM 系统的数据质量，处理了东太平洋海隆地区磁矢量数据。2004 年，Yamamoto 和 Seama 利用测量的地磁矢量数据，分析了洋壳扩张。2001 年，韩国 KORDI 研究中心借鉴 STCM 系统，在菲律宾南海海域进行了磁总量和矢量测量，同时证明地磁矢量测量更有利于磁源体边界分析。2004 年，英国地质调查局在一艘调查船上安装了地磁矢量测量系统，采用 Applanix 公司的航姿态测量系统，并配置两个 GPS 天线进行载波相位差分，姿态测量精度达到 0.02°，磁总量、磁偏角、磁倾角精度指标分别为 10nT，0.2°，0.05°。

在拖曳地磁矢量测量方面。1997 年，日本科学家 Seama 研发了拖曳式矢量测量系统，航向角精度约为 0.05°，横滚角、俯仰角精度约为 0.1°，并在 Nankai 地区进行了试验。2000 年左右，美国斯克里普斯海洋研究所和挪威 Kongsberg Maritime 公司开发了运动载体式地磁矢量系统，在运动状态下，其测量噪声均方根为 45nT，主要原因为测量姿态的不确定性，经过高斯滤波后，可感知 50nT 甚至 30nT 的磁异信号，该系统需要结合当地磁场进行姿态测量，只有航向角测量不依赖磁场值。在太平洋的 Astoria 至 Honolulu 地区进行了地磁矢量测量，该系统能分辨 50nT 的水平和垂直磁异常分量。德国联邦地质与自然资源研究所和美国斯克里普斯海洋研究所合作，研制了一套拖曳式地磁矢量系统，采用德国 Magson 公司三轴磁通门传感器，采用倾斜仪测量横滚角、俯仰角，角度测量分辨率为 0.01°，由船上惯导提供航向角。2008 年，在赤道南部太平洋地区，将该系统用于当地地磁矢量测量。

1993 年，中国科学院南海研究所在日本协助下，在南海进行了地磁矢量测量，这是国内唯一一次海洋矢量磁场测量实验，日本获取并分析了测量数据。直到 2009 年，赵俊峰利用该数据分析了磁异常和地质结构。杭州电子科技大学电子信息学院和国家海洋局采用 AMR 磁传感器和 MEMS 陀螺仪，采用 304 号不锈钢材料制造高压舱和拖曳体，剩磁在 nT 级别。国内学者在试验模拟和理论计算方面有一些研究。闫辉等对船载地磁矢量进行了仿真，并指出根据目前姿态测量水平，地磁水平与垂直分量测量精度可达到 50nT。隗燕琳等对舰船消磁有所研究。闫辉等研究了地磁矢量延拓。总体上，国内尚未独立地开展海洋地磁矢量测量。

综上所述，美国、日本、英国、德国、澳大利亚等发达国家已经实现了地磁矢量测量技术,并将该技术成功应用于航空地质勘探、海洋地质结构分析等领域。国内地磁矢量测量技术处于起步阶段,主要开展理论研究,目前我国的地磁矢量测量设备基本上都是从国外引进的,而且由于技术封锁,引进的地磁矢量测量设备都是台站式(主要是安装在地磁站的经纬仪),尚未独立开展航空和海洋地磁矢量测量,更缺乏移动捷联式的地磁矢量测量系统。

1.3 矢量测量中的误差校正补偿技术研究现状

1.3.1 三轴磁传感器误差校正技术研究现状

在国外,单个磁传感器校正算法早已成为研究热点。丹麦的 Merayo 等采用线性最小二乘法计算磁传感器参数。芬兰的 Pylvanainen 等介绍了一种递归拟合算法自适应地更新校正参数。丹麦的 Auster 等研究了校正传感器绕轴采样策略。捷克的 Petrucha 等构建了一个无磁性平台用于三轴磁传感器校正。丹麦的 Risbo 等采用测试线圈系统和 Overhauser 绝对总量质子磁力仪校正三轴磁传感器。美国 Alonso 等提出了两步法的批处理方法,该算法的第一步产生一个好的初始校正参数。在第二步中,采用高斯-牛顿法迭代算法估计零偏、刻度因子和非正交参数。美国 Crassidis 等对顺序中心算法、扩展卡尔曼滤波算法(EKF)和无迹卡尔曼滤波(UKF)算法进行了对比,UKF 算法表现出更好的校正性能。国内同样有不少学者对传感器校正技术进行了研究。吴德会、王晓红等用神经网络消除三轴磁传感器总量误差,抑制了磁传感器绕某一个轴旋转时的总量误差。朱昀等用双层自适应方法估计参数并消除总量误差,此方法能同时估计多个参数,且采集点的信息要求各态历经,信息量更加全面。吴德会等提出了一种基于支持向量回归机(SVR)的三轴磁传感器误差修正方法,并从理论上计算了三轴磁传感器由于非正交、灵敏度不一致与零点漂移所引起的测量误差。张炜等提出实际三轴磁传感器与理想正交磁传感器的输出变换矩阵,采用最速下降法,求解出变换系数,校正模值误差。段方等引入太阳矢量与地磁矢量的夹角作为观测量,并研究了采用 EKF 与 UKF 的两种滤波校正算法,基于卫星工具软件 STK 进行了仿真。黄琳研究了近地卫星姿态确定与磁传感器在线校正这一组合估计问题。

一些研究人员对非线性误差进行了分析。Janosek 等发现 Cross-field 效应和磁滞会导致磁传感器非线性误差,Brauer 等计算了由于 Transverse

Field效应引起的磁通门传感器的非线性。Ripka等分析了Cross-field效应，并对赛道型磁通门传感器在横向和垂向的线性度进行了分析。Gordon等提出了一种简化的线性磁滞模型，进行了灵敏度分析。Marshall提出了一个多项式非线性磁滞模型。Primdahl对一种实际的磁滞曲线进行了理论分析。一些研究人员定量分析了磁通门传感器的非线性误差，磁传感器的线性误差在反馈模式下可得到抑制。Kejik等介绍了正交磁通门传感器在400 mT范围内的线性误差为0.5%。奥斯特磁通门传感器线性误差在地球磁场下小于1×10^{-6}。Hinnrichs等主要集中分析了赛马场形状磁通门传感器的噪声和线性度。Ripka等对AMR磁传感器的线性度进行了分析，目前最好的AMR磁传感器补偿后的非线性度为0.05%。一些研究者提出了非线性拟合模型。传感器的非线性由二阶到五阶系数构成。Vuillermet等提出了一种非线性方法来预测微磁通门传感器的输出。Geiler等对磁通门传感器的非线性响应提出了定量模型。然而，目前只是对磁传感器非线性进行测试或分析，分量磁传感器非线性校正研究不多。

1.3.2　磁干扰补偿技术研究现状

固定磁场、感应磁场作为干扰的主要来源，已经有相关学者进行了研究。基于Tolles-Lawson方程的磁补偿法，广泛应用于航磁领域，但只能进行磁场强度补偿，无法用于磁分量补偿。进入21世纪后，随着三轴磁传感器的蓬勃发展，一些学者对基于总量约束的分量补偿方法进行了研究，主要是美国纽约大学和加利福尼亚大学。Gebre-Egziabher等提出两步估计算法，考虑了零偏、硬磁干扰和标度因子误差。2011年，Foster等把非正交误差引入两步算法。Vasconcelos等采用极大似然估计算法校正磁传感器。然而，这些分量补偿方法的基本原理仍基于总量约束思想。

国内许多研究院所和学校也开展了干扰补偿相关研究，其中哈尔滨工程大学、中北大学、第二炮兵工程大学、海军工程大学等以飞机、导弹等为研究对象开展了载体磁场补偿研究。中北大学的张晓明等依据椭圆假设，将磁场测量轨迹近似看作一个椭圆，采用最小二乘法进行参数辨识，同时进行了仿真验证。海军工程大学的庞学亮、林春生等基于Tolles和Lawson的研究，建立了多参数的飞机磁场数学模型，开展了飞机磁场模型系数的截断奇异值分解法研究。目前，国内高校开展的补偿研究主要停留在理论和实验研究阶段。上述方法同样属于总量约束补偿法。

1.3.3 非对准误差校正技术研究现状

一些学者研究了磁传感器阵列的坐标系非对准校正。1995年,德国Bundeswehr大学采用3D Helmholtz线圈对三轴磁传感器的非正交误差和传感器之间的非对准误差进行校正。首先采用激光干涉仪对三维线圈正交度进行校正,然后通过转动传感器计算非正交误差和传感器之间的非对准误差。2010年前后,美国纽约大学等机构采用线圈对霍尔传感器阵列进行了校正。2006年和2009年,香港大学、宁波大学与加拿大阿尔伯塔大学合作设计了由Honeywell HMC1043、HMC1053组成的传感器阵列,并对刻度因子、非线性和传感器的方位进行了校正。2011年,哈尔滨工程大学黄玉分析了安装中心错位、对应轴指向间偏差等因素,并对比了十单轴磁力计的两种放置方式。2011年,吉林大学对磁通门传感器阵列的零漂误差进行了分析,阵列中的各传感器测量相同物理量——磁场。

地磁矢量系统传感器测量物理量不同,加大了校正难度。由于三轴陀螺和三轴加速度计坐标系均可视为惯导坐标系,因此校正地磁矢量测量系统非对准误差,即磁传感器与加速度计之间的非对准误差。关于磁传感器与加速度计之间的非对准误差校正,主要途径是通过数学建模进行参数估计,计算出非对准误差角度。现有技术中,提出了以下几种方式:

(1) 采用正六面体光学棱镜和正交的光学系统校正非对准误差,利用光学系统坐标系的磁场和重力投影值,分别计算磁传感器与加速度计到光学系统坐标系的非对准误差。但是,该方法需要精确调整光学系统三维坐标系,需要借助当地磁倾角信息,并保证正六面体光学棱镜初始坐标系与当地北、东、地坐标系一致。因此该方法对光学系统和光学棱镜初始坐标系调整精确要求高。

(2) 采用六维自由度机器人校正非对准误差;同样,该方法需要精确控制姿态,操作复杂。

(3) 利用无磁转台,通过绕转台其中两个轴估计非对准误差。其核心思想在于利用转动轴方向的磁场和重力不变,分别计算出磁传感器和加速度计的非对准误差。该方法需要知道转动轴方向的磁场投影,而且在计算磁传感器横滚角非对准误差时需要借助加速度计提供的姿态信息。另外,上述方法在建立模型时忽略了加速度计的横滚角非对准误差。

(4) 有从业者把磁传感器和加速度计封装到一个开口的塑脂材料正六

面体内，把正六面体置于一个无磁平板上，然后绕正六面体与平板垂直的轴转动，利用转动轴的磁场和重力投影不变原理，分别计算出磁传感器和加速度计到正六面体坐标系的非对准误差。

国内对非对准误差校正有初步尝试。2011年，北京航空航天大学吴永亮等提出"基于圆约束非对准误差估计算法"校正磁传感器与加速度计之间的非对准误差，但该方法需要借助全球定位系统(GPS)航向角信息和当地磁偏角信息。

1.3.4　温度误差补偿技术研究现状

温度敏感性机制复杂，取决于传感器类型。因此，有必要研究磁通门磁力仪温度特性，进而补偿温度漂移。国外相关人员近年来对各种温度补偿技术进行了研究。丹麦的Risbo等在－12～18℃范围内分析了磁传感器的温度特性。捷克的Kubik等在室温下进行三轴磁通门传感器的频率响应研究。丹麦的Primdahl等通过调整温度依赖线圈的铜电阻和反馈电阻的比例补偿温度误差。捷克的Tipek等进行了PCB磁通门传感器的温度稳定性的研究。日本的Nishio等研究了温度测试系统(在－160～200℃)。捷克的Všelák等测试了三轴磁通门梯度仪的温度漂移误差。日本的Plotkinl等研究了灵敏度热漂移。日本的Nielsen等测试了"Ørsted"磁通门磁力仪热稳定性，其范围为－20～60℃。丹麦的Pedersen等描述了阿斯特丽德二号卫星磁传感器线性温度补偿(5～35℃)。

综上所述，在磁传感器校正方面，磁传感器参数估计算法普遍存在对初始参数敏感性高和校正精度不足的缺点；传统传感器模型忽略非线性因素，导致校正模型不完备；对磁传感器数据采样策略缺乏系统研究，影响校正参数通用性。在干扰补偿方面，国内外均致力于研究总量补偿法，对基于分量约束的干扰补偿方法缺乏深入研究。在非对准校正方面，上述非对准校正方法均存在操作复杂等缺点，需要借助地磁矢量信息、磁场角度信息、GPS或者加速度计提供的姿态信息，对实验设备和研究者操作经验要求较高，影响了校正精度，而且校正系统在承重方面有所限制。在温度补偿方面，国外主要对磁通门传感器温度特性进行了分析、测试或者采用硬件补偿方式。由于难以保证磁场与传感器轴方向一致，难以分别进行刻度因子和零偏温度特性测试；另外，温度误差非线性明显，难以建立准确的数学模型。国内缺乏磁通门传感器的温度补偿文献。

1.4 本书研究内容及安排

本书系统介绍了捷联式地磁矢量测量系统误差因素、机理和建模，三轴磁传感器校正方法优化、惯导与磁传感器坐标系非对准误差校正、惯导干扰分量补偿等关键技术，最后进行系统测试，并应用到区域磁异常测量。本书研究思路如图 1.2 所示。

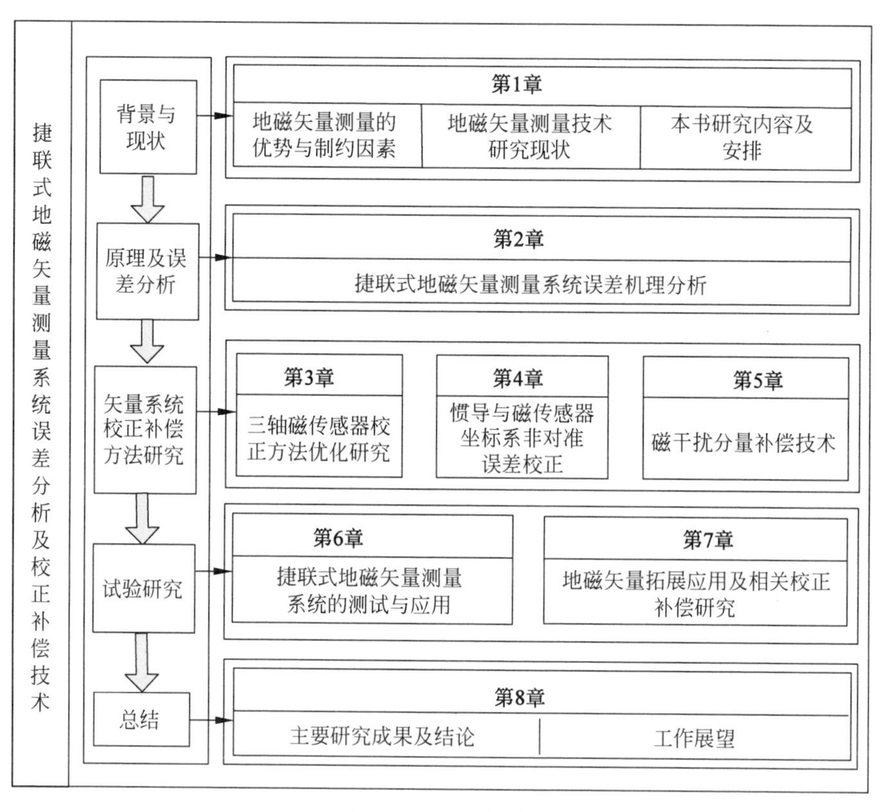

图 1.2 研究思路

各章内容具体安排如下：

第 1 章：绪论。首先，介绍地磁矢量测量的优势与制约因素；其次，介绍地磁矢量测量技术研究现状和误差校正补偿技术研究现状。在此基础上，针对高精度地磁矢量测量的要求，介绍了本书的主要研究内容和章节安排。

第 2 章：捷联式地磁矢量测量系统误差机理分析。进行了系统结构设计,分析了磁传感器误差、惯导与磁传感器坐标系非对准、惯导干扰等因素对测量结果的影响。揭示了地磁矢量测量系统误差机理,建立了误差综合传递模型,并进一步研究了误差影响规律。

第3章:三轴磁传感器校正方法优化研究。提出了Levenberg Marquardt校正算法,对UKF、RLS、高斯-牛顿算法、遗传算法、微分进化算法的磁传感器校正性能进行了对比研究;提出了对称采样策略,增强了磁传感器校正参数的通用性;提出了磁传感器非线性的一体化校正模型,提高了传统模型校正效果;提出了基于最小二乘支持向量机的温度误差补偿法,解决了难以分别进行刻度因子和零偏温度特性测试的问题。

第4章:惯导与磁传感器坐标系非对准误差校正。针对磁传感器与惯导坐标系不可视且测量不同物理量难以实现对准的难题,提出了基于磁场/重力在固定坐标系投影不变原理的非对准校正。通过建立中间坐标系,分别计算磁传感器与中间坐标系及惯导与中间坐标系之间的夹角,从而间接计算出惯导与磁传感器之间的夹角;同时提出了基于磁场/重力在平面垂向投影不变原理的非对准校正方法;有效克服机械上难以实现坐标系对准的难题。分析了重力扰动误差引起的惯导系统测量误差,并且分析了对非对准校正的影响。分析了加速度计固定误差对惯导系统测量和非对准校正的影响。提出了加速度计固定误差校正方法,并进行了仿真分析。

第5章:磁干扰分量补偿技术。从理论和实验验证分析了总量补偿法对分量补偿的失效性,在此基础上研究了基于直角台的分量补偿方法、基于相对姿态信息的分量补偿方法和基于基准地磁信息的分量补偿方法,有效实现干扰分量补偿。建立考虑涡流磁场时的三轴磁传感器测量模型,提出了磁涡流干扰一体化补偿方法,并进行仿真和实验研究。

第6章:捷联式地磁矢量测量系统的测试与应用。介绍了系统校正补偿流程,对地磁矢量系统测量精度进行了评估,包括三维静态测量和小范围动态测量。验证了地磁矢量系统能克服总量测量的不足之处,并绘制了区域磁异常矢量图。

第7章:地磁矢量拓展应用及相关校正补偿研究。介绍了主动式磁目标定位系统设计及其工作原理、基于无磁转台法的磁传感器阵列校正、磁传感器阵列干扰综合补偿。并进行了磁目标静态和动态定位实验验证。

第8章:总结与展望。对本书的研究成果和创新点进行了总结,并对需要进一步开展的工作提出了一些想法。

第2章　捷联式地磁矢量测量系统误差机理分析

捷联式地磁矢量测量系统在测量过程中面临诸多误差影响，为了实现地磁矢量的高精度测量，必须深入剖析系统误差机理，研究各误差因素影响权重，为校正补偿提供依据。本章对各误差影响进行实验测试及数值分析，建立了误差传递综合模型，揭示了各误差影响程度及规律，为捷联式地磁矢量测量的优化设计及校正补偿提供了理论指导。

2.1　系统结构设计

2.1.1　地磁要素及相互关系

如图2.1所示，地磁要素包含北向分量X、天向分量Y、东向分量Z、水平强度H、磁偏角D、磁倾角I和总强度F。

地磁测量传感器根据被测量的不同可以分为总量式、三分量式两大类。如果已知磁传感器三个敏感轴构成的直角坐标系与地理坐标系之间的欧拉角关系，则可以通过数学变换得到地磁场矢量的全部七个要素。如何有效获取这七个要素就是所谓的地磁矢量测量问题。

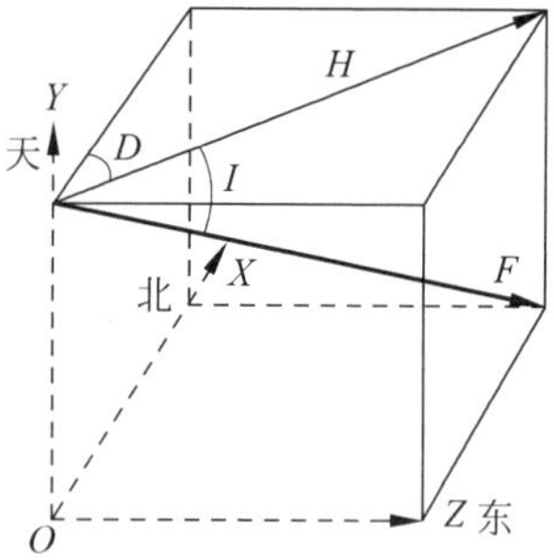

图2.1　地磁要素

地磁矢量测量的关键在于用惯导为三轴磁传感器提供实时的姿态信息，磁传感器坐标系X_m, Y_m, Z_m与当地地理坐标系N, U, E之间的关系可用欧拉角表示：

$$\begin{bmatrix} X_m \\ Y_m \\ Z_m \end{bmatrix} = \begin{bmatrix} \cos\Psi\cos\theta & \sin\Psi & -\cos\Psi\sin\theta \\ -\cos\phi\sin\Psi\cos\theta + \sin\phi\sin\theta & \cos\phi\cos\Psi & \cos\phi\sin\Psi\sin\theta + \sin\phi\cos\theta \\ \sin\phi\sin\Psi\cos\theta + \cos\phi\sin\theta & -\sin\phi\cos\Psi & -\sin\phi\sin\Psi\sin\theta + \cos\phi\cos\theta \end{bmatrix} \begin{bmatrix} N \\ U \\ E \end{bmatrix} \tag{2.1}$$

其中，θ,Ψ,ϕ 是磁传感器姿态角（惯导测量的偏航、俯仰和横滚）。根据三轴磁传感器输出值即可计算出当地地理坐标系磁场：

$$\begin{bmatrix} m_N \\ m_U \\ m_E \end{bmatrix} = \begin{bmatrix} \cos\Psi\cos\theta & \sin\Psi & -\cos\Psi\sin\theta \\ -\cos\phi\sin\Psi\cos\theta + \sin\phi\sin\theta & \cos\phi\cos\Psi & \cos\phi\sin\Psi\sin\theta + \sin\phi\cos\theta \\ \sin\phi\sin\Psi\cos\theta + \cos\phi\sin\theta & -\sin\phi\cos\Psi & -\sin\phi\sin\Psi\sin\theta + \cos\phi\cos\theta \end{bmatrix}^{-1} \begin{bmatrix} B_{m1} \\ B_{m2} \\ B_{m3} \end{bmatrix} \tag{2.2}$$

其中，B_{m1},B_{m2},B_{m3} 是三轴磁传感器测量值；m_N,m_U,m_E 是当地地理坐标系下的磁场东、北、天投影分量，即地磁矢量。根据地磁矢量可计算水平强度 H、磁偏角 D、磁倾角 I 和总强度 F。

水平强度：$H=\sqrt{m_E^2+m_N^2}$

总强度：　$F=\sqrt{m_E^2+m_N^2+m_U^2}$

磁偏角：　$D=\arccos\left(\dfrac{m_N}{H}\right)$

磁倾角：　$I=\arccos\left(\dfrac{H}{F}\right)$

2.1.2　系统构成

捷联式地磁矢量测量系统的总体结构如图 2.2 所示，主要包含地磁传感模块、激光陀螺捷联惯导（IMU）和高性能任务处理器硬件系统。在嵌入式组合模式下，利用温度传感器的输出，对地磁传感模块的输出数据进行温度补偿；利用存储在处理器中的传感器校正数据和载体干扰磁场参数进行校正及干扰补偿；通过对 IMU 测量的加速度、角速度信息进行处理，获得传感器的方向姿态参数；最后将补偿后的地磁数据和传感器的方向姿态数据进行数据融合，从而得到被测点的地磁矢量数据。其中，地磁测量模块为一体化的三轴磁传感器，用于获得地磁矢量在传感器坐标轴上投影的三个分量；IMU 模块为动态环境下传感器的方向姿态测量提供重力和角速度信息，从而提供一个敏感轴坐标系与地理坐标系之间的数学平台；综合信息处理模块采用高性能的专用硬件，可以进行校正补偿计算、载体干扰补偿计算、温度补偿计算、惯导解算、地磁矢量计算等。

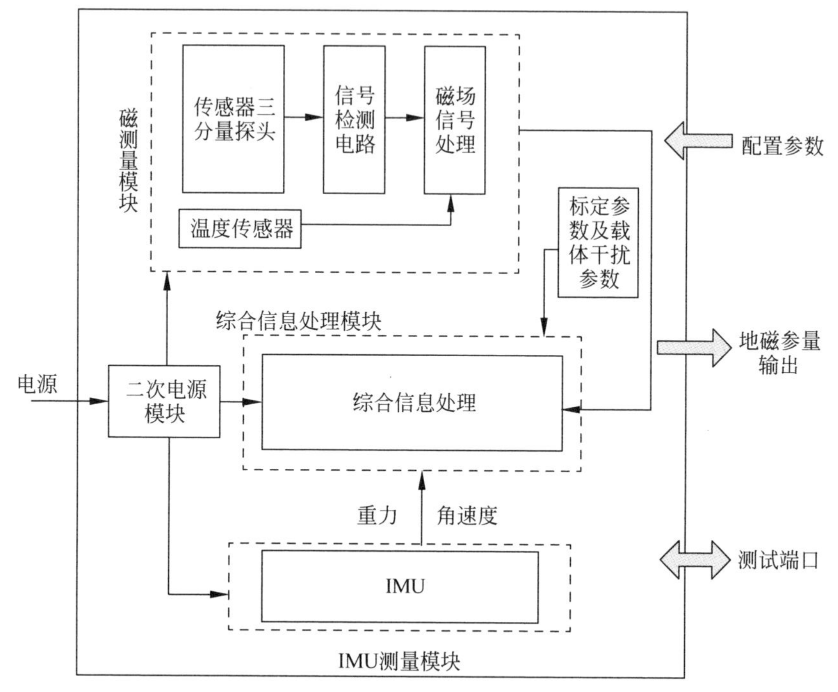

图 2.2 总体结构

2.1.3 测量原理

实现地磁矢量测量的过程如图 2.3 所示。

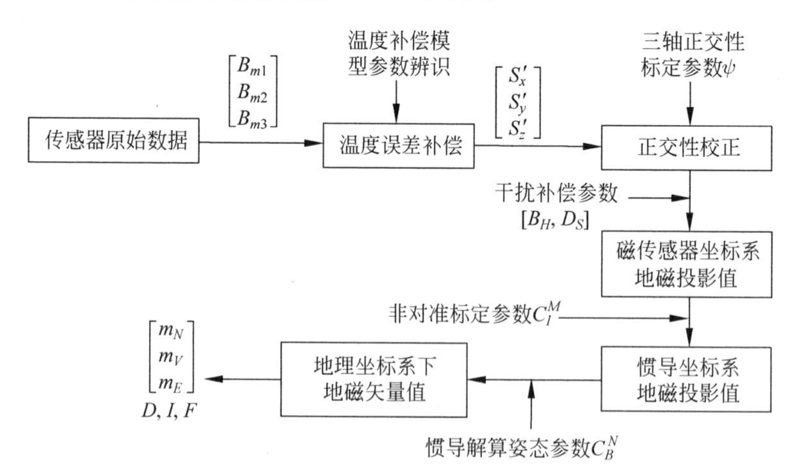

图 2.3 地磁矢量测量过程

第一步，利用温度补偿模型对三轴传感器的原始输出$\begin{bmatrix}B_{m1}\\B_{m2}\\B_{m3}\end{bmatrix}$进行温度补偿，得到$\begin{bmatrix}S_x'\\S_y'\\S_z'\end{bmatrix}$；第二步，根据正交性校正参数$\psi$进行正交性校正；第三步，利用干扰补偿参数$[B_H, D_S]$进行载体干扰补偿；第四步，根据非对准校正参数$C_I^M$进行非对准校正，将测量数据投影到惯导系统的坐标系；第五步，根据惯导系统的姿态数据C_B^N，计算地理坐标系的地磁矢量$\begin{bmatrix}m_E\\m_N\\m_U\end{bmatrix}$和其他地磁要素。

在地磁矢量测量过程中，传感器输出的原始数据由于受到传感器误差、惯导与磁传感器坐标系非对准、惯导干扰等因素影响，需要对各类误差的校正补偿方法开展研究，得到相应的校正补偿参数，实现地磁矢量的高精度测量。

2.2 系统误差机理及数值分析

2.2.1 磁传感器误差影响

1. 磁传感器刻度因子、零偏和非正交影响

磁传感器误差对地磁矢量测量结果均有一定影响，可建立一个磁传感器误差模型，分析各种误差对地磁矢量测量结果的影响，通过MATLAB进行仿真研究。仿真过程中，根据长沙地区经度、纬度和高度，查询全球地磁模型，可获取当地北、天、东方向的地磁矢量，假设北、天、东地磁矢量为[35 218 −33 062 −2105]nT，该值作为真实值进行误差评估。磁传感器在三维坐标系下进行转动，偏航角、俯仰角、横滚角从−180°变化到180°，地磁场在磁传感器轴的投影分量不断变化，惯导为磁传感器提供相对于地理坐标系的姿态信息，可计算出北、天、东地磁矢量，通过比较计算值与真实值，可对系统测量精度进行评估。传感器误差模型如下：

$$\begin{bmatrix}B_{m1}\\B_{m2}\\B_{m3}\end{bmatrix}=\begin{bmatrix}k_1\cos\alpha & k_2\cos\gamma\sin\beta & 0\\0 & k_2\cos\gamma\cos\beta & 0\\k_1\sin\alpha & k_2\sin\gamma & k_3\end{bmatrix}^{-1}\begin{bmatrix}H_x\\H_y\\H_z\end{bmatrix}+\begin{bmatrix}b_x\\b_y\\b_z\end{bmatrix}\tag{2.3}$$

其中，$\begin{bmatrix} B_{m1} \\ B_{m2} \\ B_{m3} \end{bmatrix}$为磁传感器测量分量；$\begin{bmatrix} H_x \\ H_y \\ H_z \end{bmatrix}$为真实磁场分量值；$k_1, k_2, k_3$分别为磁传感器 X, Y, Z 轴刻度因子；α, β, γ 为非正交角。根据 DM-050 磁通门传感器的手册参数，传感器参数设置如下：

$$[b_x \quad b_y \quad b_z] = [10 \quad -5 \quad -12]$$

$$[k_1 \quad k_2 \quad k_3] = [1.0015 \quad 1.0016 \quad 1.0017]$$

$$[\alpha \quad \beta \quad \gamma] = [-0.008\,18^\circ \quad 0.000\,749^\circ \quad 0.0027^\circ]$$

根据设置的磁传感器参数，可计算出磁传感器在空间转动时的测量值。根据磁传感器测量值和惯导提供的姿态信息计算地磁矢量测量值，单独考虑磁传感器误差，传感器测量值计算参见式(2.3)，地磁测量值计算参见式(2.23)，磁传感器误差导致地磁矢量测量误差，磁传感器误差引起的地磁矢量测量误差如图 2.4 所示。可见，磁传感器误差对地磁矢量和总量测量有一定影响，导致北、天、东分量测量误差峰值分别为 77nT，63nT，19nT，由于三轴磁传感器零偏、刻度因子和非正交引起转向差，导致总量误差峰值为 98nT，磁偏角测量误差峰值为 0.17°。

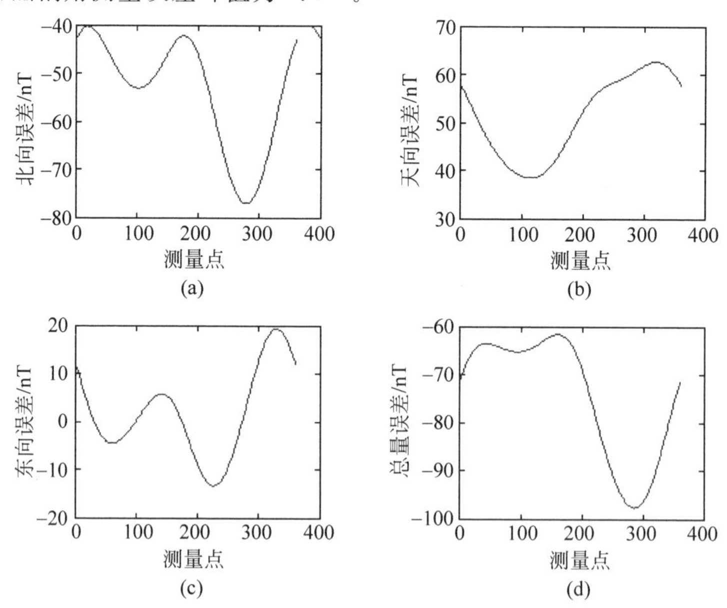

图 2.4 磁传感器误差影响

可知，在三维空间测量，DM-050磁通门传感器误差参数引起的矢量和总量误差达到近100nT。矢量及总量误差具体数值不但与磁传感器误差参数有关，而且与传感器型号有关。此款传感器属于德国进口三轴磁传感器，零偏误差在10nT左右，刻度因子误差在0.15%左右，非正交误差小于0.01°，在市场上属于一流传感器水平，对传感器工艺要求较高，价格昂贵，达到15万元。如果采用国内生产的Mag 3300三轴磁通门传感器，根据实际测试可知，零偏误差超过1000nT，刻度因子误差超过0.3%，非正交误差达到0.2°，则磁传感器导致的地磁矢量误差增加两个数量级。

2. 磁传感器噪声影响

噪声在任何测量中均存在，磁传感器本身存在噪声，与器件本身有关，需要对选用的传感器进行噪声测试与评估。另外，实验环境中不可避免地存在环境噪声，导致测量值波动，波动大小与采样率有关，需要进行分析。

对DM-050磁传感器进行了噪声测试，在长沙北郊青竹湖地区选择一块平地，当采样率为20Hz时，磁传感器噪声测试结果如图2.5所示。X,Y,Z轴波动峰峰值分别为0.81nT,0.54nT,0.83nT，总量波动峰峰值为0.55nT。当采样率为100Hz时，磁传感器噪声测试结果如图2.6所示。X,Y,Z轴波动峰峰值分别为2.63nT,2.31nT,2.44nT，总量波动峰峰值为1.76nT。使用中，磁传感器采样率一般不超过100Hz，因此磁传感器测量噪声峰峰值一般小于2nT。当磁传感器被放置于磁屏蔽设备时，磁传感器总量噪声如图2.7所示(采样率为20Hz)。结果表明，噪声波动约为1nT。

3. 温度漂移误差影响

环境温度对磁传感器有一定影响。根据DM-050传感器手册，磁传感器分量输出的温度误差达到2nT/℃。同样，温度变化影响惯导测量结果，即温度对姿态测量有影响。针对DM-050磁传感器，在宜昌710所国家一级弱磁计量站进行温度测试，温度漂移测试步骤如下：

(1) 温箱控制电压为零，温箱内部磁场即地磁场；

(2) 将磁传感器姿态进行调整使传感器的三个轴的输出量级相当；

(3) 调节温箱内的温度，使温度保持在10℃；

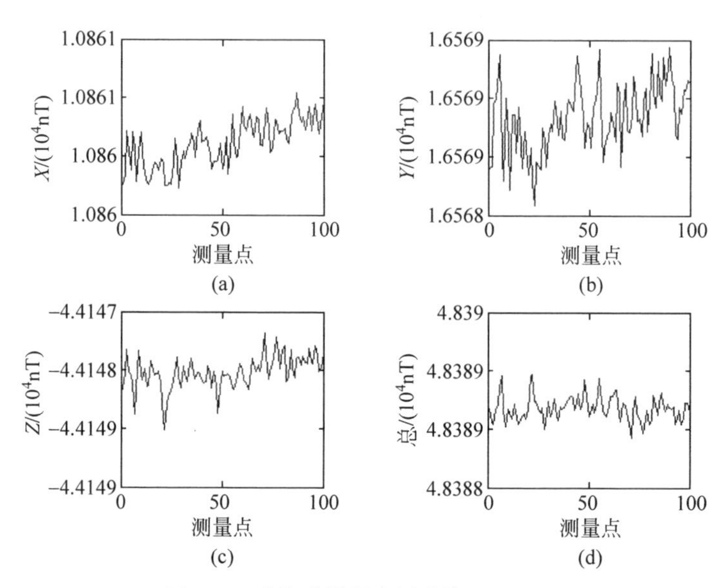

图 2.5 磁传感器噪声测试结果(20Hz)

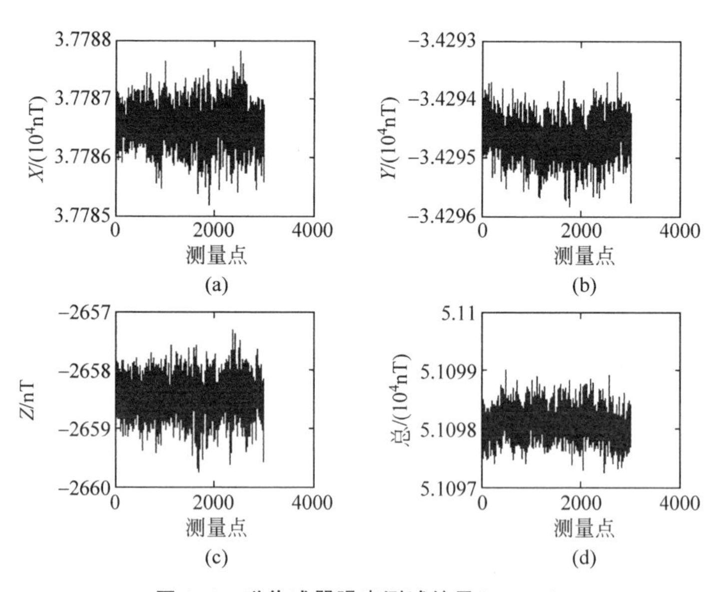

图 2.6 磁传感器噪声测试结果(100Hz)

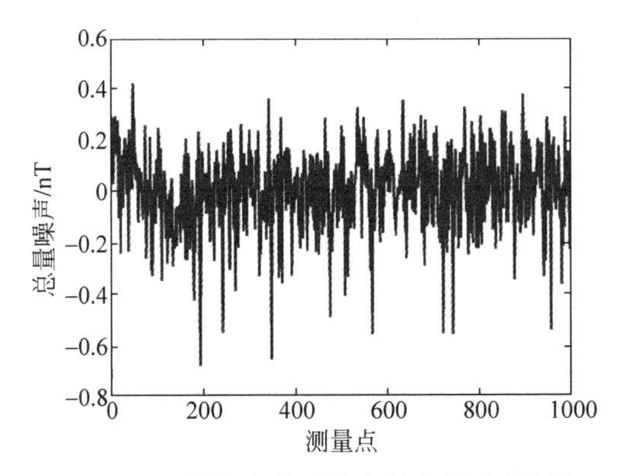

图 2.7　屏蔽桶内的磁传感器噪声测试结果

(4) 保持此温度 60min,然后分别记录磁传感器三个轴对应的测量值;

(5) 调节温箱温度,每次增加 10℃,重复步骤(4),直至温箱温度达到 50℃,分别记录磁传感器三个轴对应的测量值。

由表 2.1 可知,在地磁场环境下,该款磁通门传感器温度变化导致的漂移误差可达到约 2nT/℃。

表 2.1　传感器的观测数据

温度/℃	X 轴值/nT	Y 轴值/nT	Z 轴值/nT
10	36 386.5	22 287.4	26 127.3
20	36 396.3	22 279.7	26 140.3
30	36 405.3	22 278.6	26 158.5
40	36 409.4	22 277.5	26 186.2
50	36 409.9	22 260.6	26 194.9

4. 其他漂移误差影响

传感器在使用过程中存在漂移现象。温度漂移误差指外加磁场不变时,传感器测量值随着温度变化而变化。但是,即使外加温度不变化,传感器同样存在漂移,漂移量与材料、电路、元器件有关。一款德国磁传感器放置于地磁环境中,预热超过 30min,采样率为 20Hz,测试时间约为 50s,漂移情况如图 2.8 所示。由图 2.8 可知,磁传感器总量测量值平稳,但是分量输出值漂移明显。同样,在 710 所进行了零漂测试,采样率为 1Hz,使用一段时间后断电，放置于屏蔽桶内测试，测试结果如图 2.9 所示。分量漂移可达到 5nT，总量漂移较小。可知，漂移比噪声影响略大。

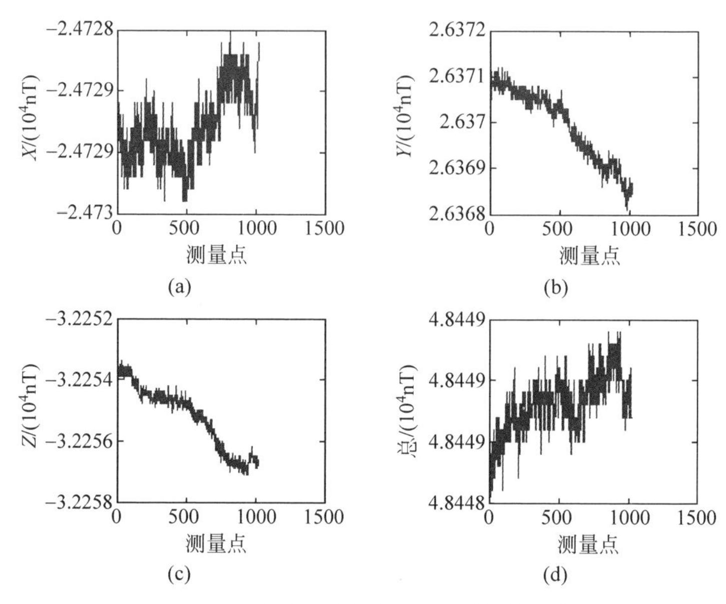

图 2.8　地磁环境下的磁传感器漂移测试结果

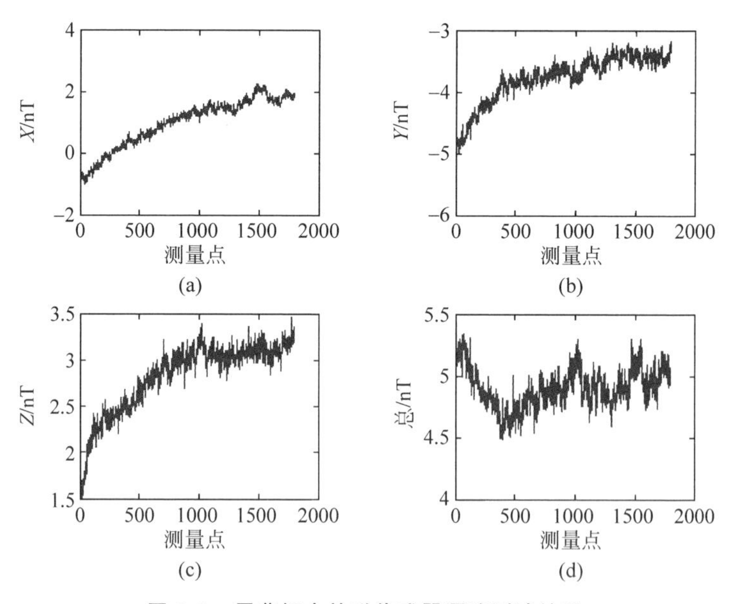

图 2.9　屏蔽桶内的磁传感器漂移测试结果

野外漂移实验发现：

(1) 传感器在地磁场环境下与屏蔽桶内漂移程度有区别。

(2) 采样率有影响。

(3) 上电一定时间后，仍然存在漂移。

(4) 姿态变化后，需要一段时间才能稳定。

根据测试和分析可知，噪声误差与刻度因子、零偏和非正交影响相比，是一个比较小的值，漂移误差影响比噪声略大。

2.2.2　惯导误差影响

惯导同样存在测量误差，惯导计算角度首先需要初始对准，即获取初始姿态。理论上，其中的航向角初始对准误差公式可表示为

$$\sigma_r \approx \frac{D_y}{\Omega \cos L} \tag{2.4}$$

其中，D_y 是陀螺漂移；Ω 是地球自转角速度；L 是纬度。俯仰和横滚角度对准误差与航向角相比，对准误差小。对于 90 型惯导，陀螺漂移为 0.003(°)/h，地球自转角速度约为 15(°)/h，长沙当地纬度约为 28°，根据式(2.4)计算的航向角初始对准误差为 0.012°，这是理论值。在实际测量中，根据不同实验情况，测量值误差约为理论值的几倍，则实际惯导测量误差约为 0.05°。

仿真条件与磁传感器误差分析设置相同，假设北、天、东地磁矢量为[35 218　−33 062　−2105]nT，该值作为真实值进行误差评估。地磁矢量测量系统在三维坐标系下进行转动，偏航角、俯仰角、横滚角从−180°变化到 180°，惯导姿态测量误差为均值为零、标准差为 0.05°的高斯白噪声。北、天、东方向及总量测量误差分别如图 2.10(a)～(d)所示。惯导误差对地磁矢量测量有一定影响，导致分量北、天、东测量误差峰值分别为 29nT，30nT，56nT。由图 2.10(d)可知，与磁传感器测量误差不同，惯导姿态测量误差不会引起总量测量误差。因为分析惯导姿态误差时，认为磁传感器是正交理想传感器，没有刻度因子、零偏、非正交误差，则对矢量值求模，计算总量值时，不会导致模量变化。

2.2.3　非对准误差影响

惯导与磁传感器坐标系难以保证一致，即对不准，磁传感器坐标系 X_m，Y_m，Z_m 与惯导坐标系 X_g，Y_g，Z_g 之间的坐标系误差称为“非对准误差”，如

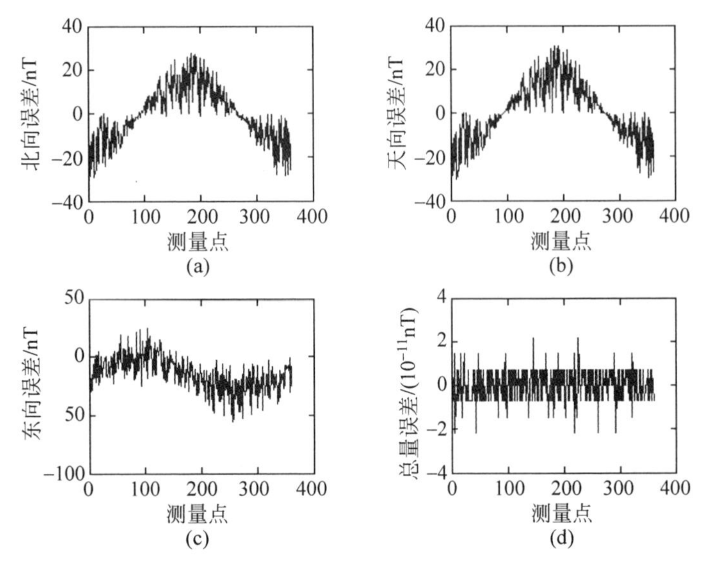

图 2.10 惯导测量误差影响

图 2.11 所示。“非对准误差”成为影响地磁要素测量精度的重要因素，通过机械方法难以解决非对准问题。在地磁环境下，1°的非对准误差可引起几百 nT 的矢量测量误差。

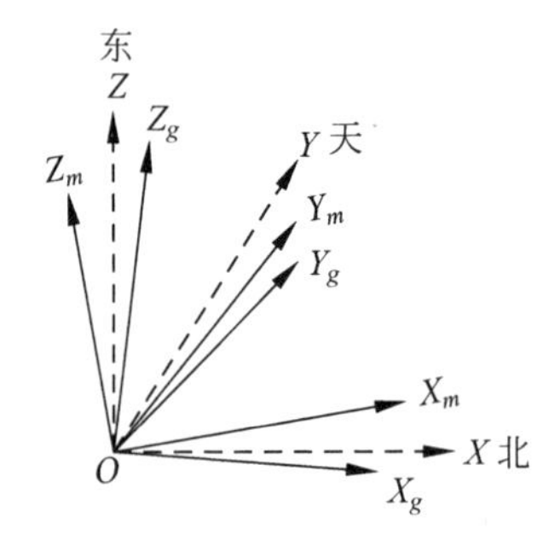

图 2.11 矢量系统坐标系非对准问题

非对准误差是磁传感器与惯导之间的坐标系固定误差，然而非对准误差会导致系统误差还是非一致性误差，需要通过数学分析和仿真验证确定。地磁矢量测量结果及磁偏角计算结果分为两种情况：①非对准误差为零。②存在非对准误差。

当传感器在第一个姿态时：

$$\begin{bmatrix} x \\ y \\ z \end{bmatrix} = \begin{bmatrix} a_{11} & a_{12} & a_{13} \\ a_{21} & a_{22} & a_{23} \\ a_{31} & a_{32} & a_{33} \end{bmatrix} \begin{bmatrix} x_1 \\ y_1 \\ z_1 \end{bmatrix} \tag{2.5}$$

由此可得：

$$\begin{cases} x = x_1 a_{11} + y_1 a_{12} + z_1 a_{13} \\ y = x_1 a_{21} + y_1 a_{22} + z_1 a_{23} \\ z = x_1 a_{31} + y_1 a_{32} + z_1 a_{33} \end{cases} \tag{2.6}$$

其中，$\begin{bmatrix} x \\ y \\ z \end{bmatrix}$为地理坐标系下的磁场投影；$\begin{bmatrix} x_1 \\ y_1 \\ z_1 \end{bmatrix}$是第一个姿态下传感器正交坐标系下的磁场投影；$\begin{bmatrix} x_2 \\ y_2 \\ z_2 \end{bmatrix}$是第二个姿态下传感器正交坐标系下的磁场投影；$\begin{bmatrix} a_{11} & a_{12} & a_{13} \\ a_{21} & a_{22} & a_{23} \\ a_{31} & a_{32} & a_{33} \end{bmatrix}$是地理坐标系到第一个姿态的旋转矩阵元素。

第一个姿态下计算的磁偏角为

$$\tan\theta_1 = \frac{x_1 a_{21} + y_1 a_{22} + z_1 a_{23}}{x_1 a_{11} + y_1 a_{12} + z_1 a_{13}} \tag{2.7}$$

当传感器在第二个姿态时，

$$\begin{bmatrix} x \\ y \\ z \end{bmatrix} = \begin{bmatrix} b_{11} & b_{12} & b_{13} \\ b_{21} & b_{22} & b_{23} \\ b_{31} & b_{32} & b_{33} \end{bmatrix} \begin{bmatrix} x_2 \\ y_2 \\ z_2 \end{bmatrix} \tag{2.8}$$

其中，$[b_{ij}]$是地理坐标系到第二个姿态的旋转矩阵。第二个姿态下计算的磁偏角为

$$\tan\theta_2 = \frac{x_2 b_{21} + y_2 b_{22} + z_2 b_{23}}{x_2 b_{11} + y_2 b_{12} + z_2 b_{13}} \tag{2.9}$$

从第一个姿态到第二个姿态，两者测量值关系为

$$\begin{bmatrix} x_2 \\ y_2 \\ z_2 \end{bmatrix} = \begin{bmatrix} r_{11} & r_{12} & r_{13} \\ r_{21} & r_{22} & r_{23} \\ r_{31} & r_{32} & r_{33} \end{bmatrix} \begin{bmatrix} x_1 \\ y_1 \\ z_1 \end{bmatrix} \tag{2.10}$$

由此可得：

$$\begin{cases} x_2 = x_1 r_{11} + y_1 r_{12} + z_1 r_{13} \\ y_2 = x_1 r_{21} + y_1 r_{22} + z_1 r_{23} \\ z_2 = x_1 r_{31} + y_1 r_{32} + z_1 r_{33} \end{cases} \tag{2.11}$$

式(2.9)中，第二个姿态下计算的磁偏角为

$$\tan\theta_2 = \frac{(x_1 r_{11} + y_1 r_{12} + z_1 r_{13}) b_{21} + (x_1 r_{21} + y_1 r_{22} + z_1 r_{23}) b_{22} + (x_1 r_{31} + y_1 r_{32} + z_1 r_{33}) b_{23}}{(x_1 r_{11} + y_1 r_{12} + z_1 r_{13}) b_{11} + (x_1 r_{21} + y_1 r_{22} + z_1 r_{23}) b_{12} + (x_1 r_{31} + y_1 r_{32} + z_1 r_{33}) b_{13}} \tag{2.12}$$

式(2.12)变化为

$$\tan\theta_2 = \frac{x_1(r_{11}b_{21}+r_{21}b_{22}+r_{31}b_{23})+y_1(r_{12}b_{21}+r_{22}b_{22}+r_{32}b_{23})+z_1(r_{13}b_{21}+r_{23}b_{22}+r_{33}b_{23})}{x_1(r_{11}b_{11}+r_{21}b_{12}+r_{31}b_{13})+y_1(r_{12}b_{11}+r_{22}b_{12}+r_{32}b_{13})+z_1(r_{31}b_{11}+r_{23}b_{12}+r_{33}b_{13})} \tag{2.13}$$

第二个姿态可表示为

$$\begin{bmatrix} x \\ y \\ z \end{bmatrix} = \begin{bmatrix} b_{11} & b_{12} & b_{13} \\ b_{21} & b_{22} & b_{23} \\ b_{31} & b_{32} & b_{33} \end{bmatrix} \begin{bmatrix} r_{11} & r_{12} & r_{13} \\ r_{21} & r_{22} & r_{23} \\ r_{31} & r_{32} & r_{33} \end{bmatrix} \begin{bmatrix} x_1 \\ y_1 \\ z_1 \end{bmatrix} \tag{2.14}$$

由式(2.5)和式(2.14)可得：

$$\begin{bmatrix} a_{11} & a_{12} & a_{13} \\ a_{21} & a_{22} & a_{23} \\ a_{31} & a_{32} & a_{33} \end{bmatrix} = \begin{bmatrix} b_{11} & b_{12} & b_{13} \\ b_{21} & b_{22} & b_{23} \\ b_{31} & b_{32} & b_{33} \end{bmatrix} \begin{bmatrix} r_{11} & r_{12} & r_{13} \\ r_{21} & r_{22} & r_{23} \\ r_{31} & r_{32} & r_{33} \end{bmatrix} \tag{2.15}$$

可得：

$$\begin{bmatrix} a_{11} & a_{12} & a_{13} \\ a_{21} & a_{22} & a_{23} \\ a_{31} & a_{32} & a_{33} \end{bmatrix} = \begin{bmatrix} b_{11}r_{11}+b_{12}r_{21}+b_{13}r_{31} & b_{11}r_{12}+b_{12}r_{22}+b_{13}r_{32} & b_{11}r_{13}+b_{12}r_{23}+b_{13}r_{33} \\ b_{21}r_{11}+b_{22}r_{21}+b_{23}r_{31} & b_{21}r_{12}+b_{22}r_{22}+b_{23}r_{32} & b_{21}r_{13}+b_{22}r_{23}+b_{23}r_{33} \\ b_{31}r_{11}+b_{32}r_{21}+b_{33}r_{31} & b_{31}r_{12}+b_{32}r_{22}+b_{33}r_{32} & b_{31}r_{13}+b_{32}r_{23}+b_{33}r_{33} \end{bmatrix} \tag{2.16}$$

则第二个姿态下计算的磁偏角可变化为

$$\tan\theta_2 = \frac{x_1 a_{21} + y_1 a_{22} + z_1 a_{23}}{x_1 a_{11} + y_1 a_{12} + z_1 a_{13}} \tag{2.17}$$

于是有

$$\tan\theta_2 = \tan\theta_1 \tag{2.18}$$

即在传感器姿态变化下，北、天、东地磁矢量值不变，计算的磁偏角不变。

当存在非对准误差时，第一个姿态可表示为

$$\begin{bmatrix} x \\ y \\ z \end{bmatrix} = \begin{bmatrix} a_{11} & a_{12} & a_{13} \\ a_{21} & a_{22} & a_{23} \\ a_{31} & a_{32} & a_{33} \end{bmatrix} \begin{bmatrix} \eta_{11} & \eta_{12} & \eta_{13} \\ \eta_{21} & \eta_{22} & \eta_{23} \\ \eta_{31} & \eta_{32} & \eta_{33} \end{bmatrix} \begin{bmatrix} x_1 \\ y_1 \\ z_1 \end{bmatrix} \tag{2.19}$$

其中，η_{ij} 是非对准误差矩阵元素。当存在非对准误差时，第二个姿态可表

示为

$$\begin{bmatrix} x \\ y \\ z \end{bmatrix} = \begin{bmatrix} b_{11} & b_{12} & b_{13} \\ b_{21} & b_{22} & b_{23} \\ b_{31} & b_{32} & b_{33} \end{bmatrix} \begin{bmatrix} \eta_{11} & \eta_{12} & \eta_{13} \\ \eta_{21} & \eta_{22} & \eta_{23} \\ \eta_{31} & \eta_{32} & \eta_{33} \end{bmatrix} \begin{bmatrix} x_2 \\ y_2 \\ z_2 \end{bmatrix} \tag{2.20}$$

由此可得：

$$\begin{bmatrix} x \\ y \\ z \end{bmatrix} = \begin{bmatrix} b_{11} & b_{12} & b_{13} \\ b_{21} & b_{22} & b_{23} \\ b_{31} & b_{32} & b_{33} \end{bmatrix} \begin{bmatrix} \eta_{11} & \eta_{12} & \eta_{13} \\ \eta_{21} & \eta_{22} & \eta_{23} \\ \eta_{31} & \eta_{32} & \eta_{33} \end{bmatrix} \begin{bmatrix} r_{11} & r_{12} & r_{13} \\ r_{21} & r_{22} & r_{23} \\ r_{31} & r_{32} & r_{33} \end{bmatrix} \begin{bmatrix} x_1 \\ y_1 \\ z_1 \end{bmatrix} \tag{2.21}$$

仅当

$$\begin{bmatrix} \eta_{11} & \eta_{12} & \eta_{13} \\ \eta_{21} & \eta_{22} & \eta_{23} \\ \eta_{31} & \eta_{32} & \eta_{33} \end{bmatrix} = \begin{bmatrix} 1 & 0 & 0 \\ 0 & 1 & 0 \\ 0 & 0 & 1 \end{bmatrix} \tag{2.22}$$

即不存在非对准误差时，式(2.19)等于式(2.21)。下面对非对准误差的影响进行仿真分析，仿真条件与磁传感器误差分析设置相同，假设北、天、东地磁矢量为[35 218　−33 062　−2105]nT，该值作为真实值进行误差评估。地磁矢量测量系统在三维坐标系下进行转动，偏航角、俯仰角、横滚角从−180°变化到 180°，转动轨迹相同。假设磁传感器与惯导之间的非对准误差角为[0.8°　0.5°　−0.8°]。仿真结果如图 2.12 所示。北、天、东测量误差峰值分别为 716nT，736nT，794nT。磁偏角测量误差峰值为 1.39°。如图 2.12(d)所示，与惯导误差影响类似，非对准测量误差不影响总量测量结果。因为非对准误差仅影响矢量投影坐标系，导致一个偏移的投影坐标系，但偏移的坐标系仍然为正交坐标系，虽然矢量偏移了，但在此正交坐标的矢量值合成的总量值与矢量偏移无关，不影响总量合成结果。

2.2.4　惯导干扰影响

惯导产生的干扰磁场严重影响地磁矢量测量结果，并且这种影响随着载体姿态的改变而变化。惯导干扰磁场包括固定磁场、感应磁场、低频磁场和杂散磁场等，不同惯导类型或者不同运动状态下，磁场强度、分布特性、衰减特性、频率特性等各不相同。

1. 惯导干扰静态测试

对惯导干扰进行测试。图 2.13 为未安装惯导时的磁场测量值。安

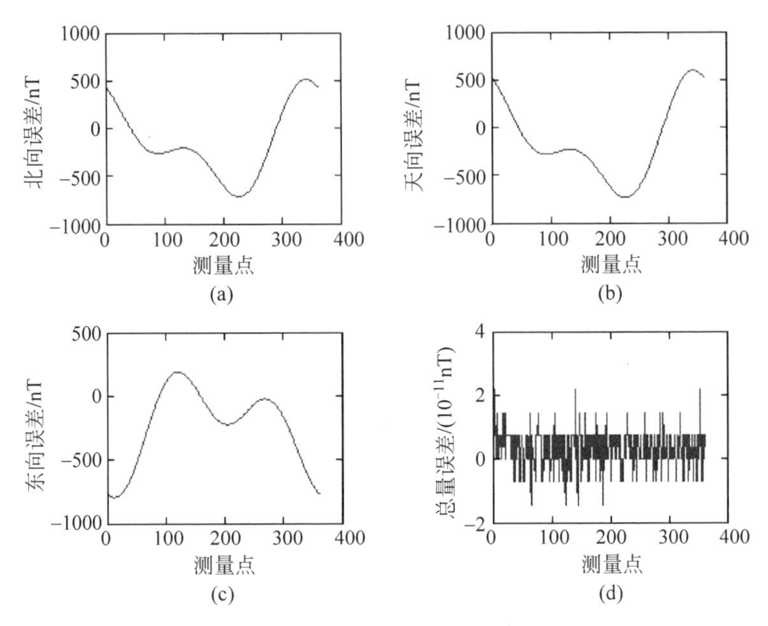

图 2.12 非对准误差影响

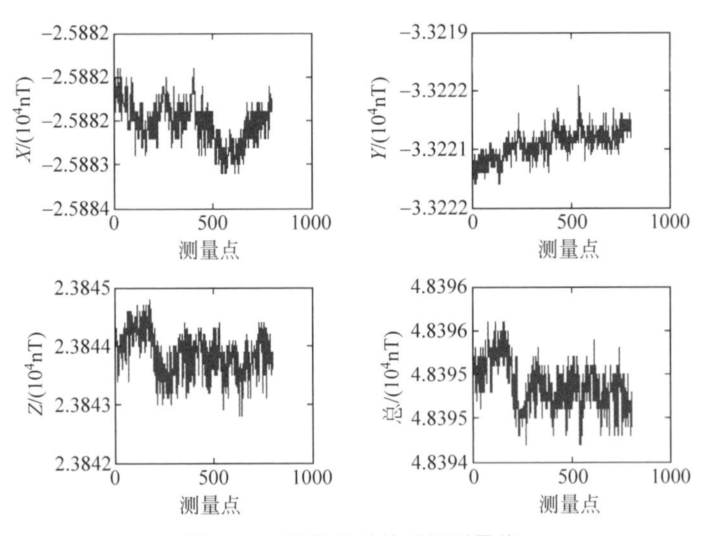

图 2.13 无惯导时的磁场测量值

装惯导后，惯导距磁传感器探头约 20cm，图 2.14 为惯导加电前的磁场测量值，图 2.15 为惯导加电后的磁场测量值。比较图 2.14 和图 2.15 可知，惯导干扰达几千 nT，磁传感器 X 轴、Y 轴、Z 轴干扰值分别达到 4152nT，5551nT，4369nT，总量干扰值为 4373nT。加电前，惯导干扰基本平稳。加电后，惯导干扰变化不大，与加电前相比，惯导干扰变化为 30～40nT，说明干扰主要与材料有关，工作状态关系影响较小。

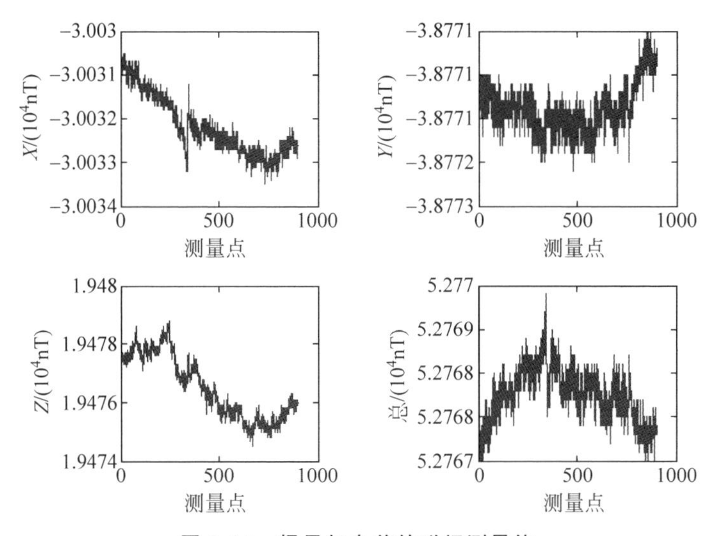

图 2.14　惯导加电前的磁场测量值

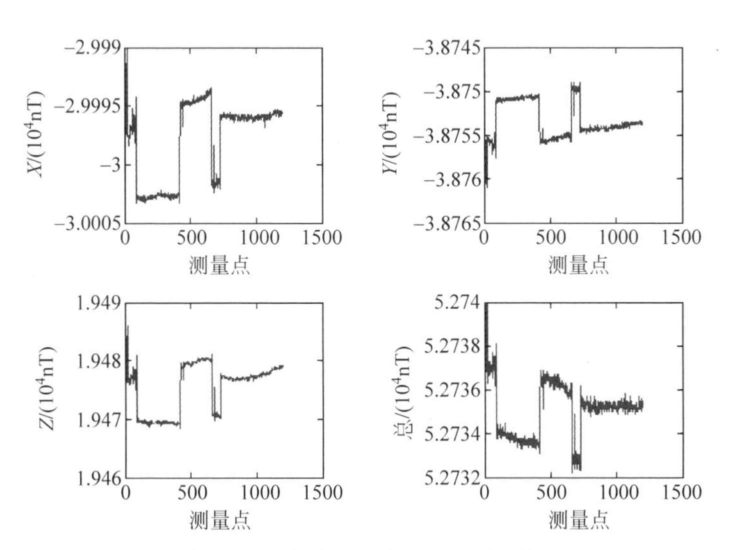

图 2.15　惯导加电后的磁场测量值

2. 惯导干扰影响仿真分析

对惯导影响进行仿真分析，仿真条件与磁传感器误差分析设置相同，假设北、天、东地磁矢量为[35 218 －33 062 －2105]nT，该值作为真实值进行误差评估。地磁矢量测量系统在三维坐标系下进行转动，偏航角、俯仰角、横滚角从－180°变化到180°。根据惯导测试结果，惯导干扰参数设置如下：

$$\boldsymbol{M}=\begin{bmatrix}1.0264 & 0.1042 & 0.0367\\ 0.1655 & 1.0844 & 0.0506\\ 0.0238 & 0.0214 & 0.8876\end{bmatrix},\quad \boldsymbol{B}=[-290 \quad -249 \quad 165]$$

其中，$\boldsymbol{B}$ 为硬磁干扰，$\boldsymbol{M}$ 为软磁干扰矩阵。仿真结果如图2.16所示。惯导干扰对地磁矢量和总量均有明显影响。北、天、东测量误差峰值分别为6755nT，8838nT，5503nT。总量测量峰值误差为9289nT，磁偏角测量误差峰值为10.18°。惯导干扰导致的矢量误差和总量误差达到近万nT，可见惯导干扰的数量值远大于磁传感器误差、温度漂移误差、惯导误差、非对准误差这几个因素的影响。如图2.16(d)所示，与磁传感器误差影响类似，惯导干扰不仅导致矢量误差，而且导致总量误差的大幅度变化。

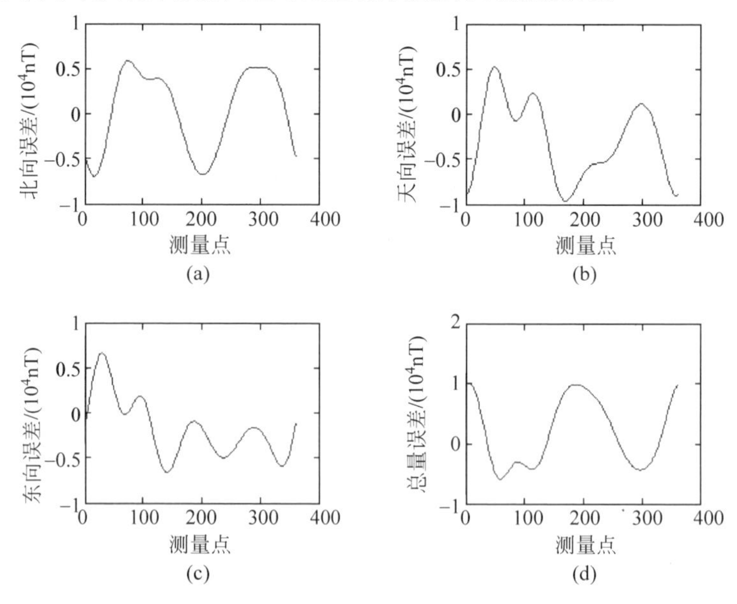

图 2.16 姿态变化过程中的惯导干扰影响

2.2.5　误差影响规律分析

1. 综合传递模型

考虑磁传感器刻度因子、零偏、非正交误差、噪声，以及坐标系非对准误差和惯导干扰，建立误差综合模型，对综合误差进行分析。

$$
\begin{bmatrix} B_{m1} \\ B_{m2} \\ B_{m3} \end{bmatrix} = \begin{bmatrix} b_{x1} \\ b_{y1} \\ b_{z1} \end{bmatrix} + \begin{bmatrix} M_{11} & M_{12} & M_{13} \\ M_{21} & M_{22} & M_{23} \\ M_{31} & M_{32} & M_{33} \end{bmatrix} \times
\left[\begin{bmatrix} k_1\cos\alpha & k_2\cos\gamma\sin\beta & 0 \\ 0 & k_2\cos\gamma\cos\beta & 0 \\ k_1\sin\alpha & k_2\sin\gamma & k_3 \end{bmatrix}^{-1} \begin{bmatrix} \eta_{11} & \eta_{12} & \eta_{13} \\ \eta_{21} & \eta_{22} & \eta_{23} \\ \eta_{31} & \eta_{32} & \eta_{33} \end{bmatrix} \times
\begin{bmatrix} r_{11} & r_{12} & r_{13} \\ r_{21} & r_{22} & r_{23} \\ r_{31} & r_{32} & r_{33} \end{bmatrix} \begin{bmatrix} H_x \\ H_y \\ H_z \end{bmatrix} + \begin{bmatrix} b_x \\ b_y \\ b_z \end{bmatrix} \right]
\tag{2.23}
$$

其中，$M_{11},\cdots,M_{33}$ 为惯导软磁干扰参数；$k_1,k_2,k_3,\alpha,\beta,\gamma$ 为磁传感器误差参数；$\eta_{11},\cdots,\eta_{33}$ 为非对准参数；$r_{11},\cdots,r_{33}$ 为惯导提供的姿态参数；H_x,H_y,H_z 为当地地磁矢量；B_x,B_y,B_z 为磁传感器测量值；b_x,b_y,b_z 为零偏；b_{x1},b_{y1},b_{z1} 为硬磁干扰。

考虑上述几类误差，仿真条件与前面设置相同，假设北、天、东地磁矢量为[35 218　−33 062　−2105]nT，该值作为真实值进行误差评估。地磁矢量测量系统在三维坐标系下进行转动，偏航角、俯仰角、横滚角从−180°变化到 180°。具体参数与前面相同，分析误差综合影响，仿真结果如图 2.17 所示。北、天、东测量误差峰值分别为 7046nT，8488nT，5821nT。总量测量峰值误差为 9199nT，磁偏角测量误差峰值为 10.95°。

实际测量中，各误差对地磁矢量测量结果均有不同程度的影响。另外，在使用前的系统校正、补偿过程中，误差之间相互影响，在校正和补偿中具有传递效应，比如估计非对准角及干扰补偿，需要测量地磁场在磁传感器坐标系下的投影值，但是由于传感器零偏、刻度因子、非正交误差，导致磁传感器测量的地磁场投影值有偏差，影响非对准角和干扰参数的估计，磁传感器校正是矢量系统校正补偿的基础。同时，对磁传感器零偏、刻度因子、非正

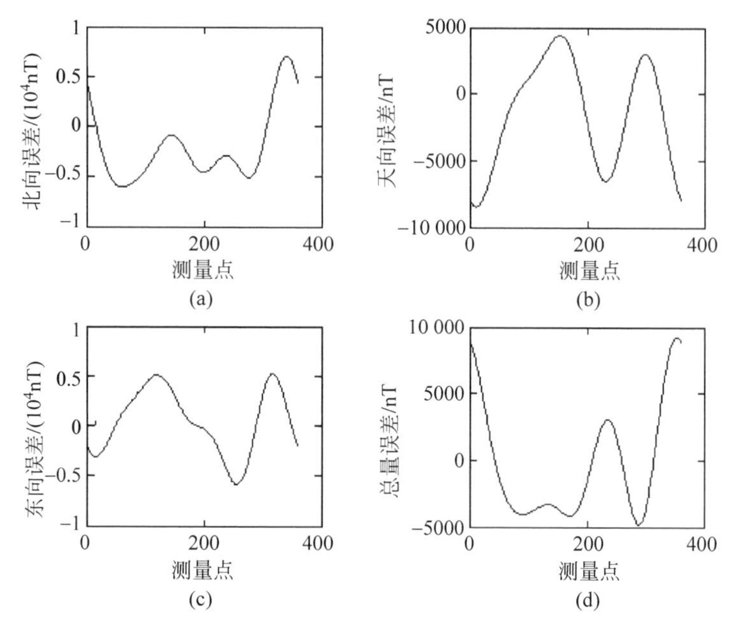

图 2.17　误差综合影响

交误差参数的估计又受到漂移和噪声影响。

根据式(2.23),可对系统各误差进行正向综合分析,但如果测量结果包含各类误差,则难以从测量结果中逐个分离各类误差具体参数,需要通过一定手段,对各参数进行分离计算。另外,当使用不同传感器或者磁传感器与惯导距离变化时,参数会产生变化。下面分析各误差因素参数变化情况下,矢量误差的变化情况。

2. 磁传感器误差影响规律

首先,对不同误差情况下的磁传感器的影响进行分析,并且针对系统设计要求,对磁传感器误差进行要求。仿真条件与前面设置相同,假设北、天、东地磁矢量为[35 218　−33 062　−2105]nT,该值作为真实值进行误差评估。地磁矢量测量系统在三维坐标系下进行转动,偏航角、俯仰角、横滚角从−180°变化到180°。参见式(2.23),其他误差设置为零。对不同情况下的刻度因子、非正交、零偏影响分别进行分析,刻度因子误差从0.03%变化到0.57%,则地磁矢量测量误差从10.5nT变化到199.6nT。非正交角度从0.008°变化到0.16°,则地磁矢量测量误差从9.8nT变化到196.5nT。零偏从6nT变化到116nT,则地磁矢量测量误差从10.3nT变化到

196.5nT。

由表 2.2～表 2.4 可知，如果要求地磁矢量系统测量误差小于 50nT，则磁传感器刻度因子误差须小于 0.14%，非正交角须小于 0.04°，零偏须小于 29nT；如果要求地磁矢量系统测量误差小于 20nT，则磁传感器刻度因子误差须小于 0.06%，非正交角须小于 0.016°，零偏须小于 12nT；如果要求地磁矢量系统测量误差小于 10nT，则磁传感器刻度因子误差须小于 0.03%，非正交角须小于 0.008°，零偏须小于 6nT。

通过表 2.2～表 2.4 的分析结果，可根据不同地磁矢量测量误差要求，对磁传感器误差参数提出相应要求。在实验阶段，要求磁传感器误差导致的地磁矢量系统测量误差小于 10nT，则磁传感器参数要求较为苛刻。此要求是校正后的参数要求，即校正残差小于此参数。

表 2.2 不同刻度因子误差对地磁矢量测量的影响

刻度因子误差	北/nT	天/nT	东/nT
(0.03%,0.03%,0.03%)	10.5	9.9	0.6
(0.06%,0.06%,0.06%)	21.1	19.8	1.3
(0.14%,0.14%,0.14%)	49.2	46.2	2.9
(0.28%,0.28%,0.28%)	98.3	92.3	5.8
(0.57%,0.57%,0.57%)	199.6	187.3	11.9

表 2.3 不同非正交误差对地磁矢量测量的影响

非正交角(α,β,γ)	北/nT	天/nT	东/nT
(0.008°,0.008°,0.008°)	8.3	4.2	9.8
(0.016°,0.016°,0.016°)	16.6	8.5	19.6
(0.04°,0.04°,0.04°)	41.5	21.3	49.1
(0.08°,0.08°,0.08°)	83.1	42.5	98.3
(0.16°,0.16°,0.16°)	166.0	85.1	196.5

表 2.4 不同零偏误差对地磁矢量测量的影响

零偏(b_x,b_y,b_z)	北/nT	天/nT	东/nT
(6,6,6)/nT	10.3	8.4	10.3
(12,12,12)/nT	20.6	16.9	20.6
(29,29,29)/nT	49.9	41.0	49.9
(58,58,58)/nT	99.8	82.0	99.8
(116,116,116)/nT	199.79	164.0	199.7

3. 非对准角误差影响规律

仿真条件与前面设置相同，假设北、天、东地磁矢量为[35 218 −33 062 −2105]nT，该值作为真实值进行误差评估。地磁矢量测量系统在三维坐标系下进行转动，偏航角、俯仰角、横滚角从−180°变化到180°，转动轨迹相同。由表2.5可知，刻度因子误差从0.007°变化到0.137°，则地磁矢量测量误差从10.2nT变化到199.7nT。如果要求地磁矢量系统测量误差小于50nT，则非对准误差须小于0.035°；如果要求地磁矢量系统测量误差小于10nT，则非对准误差须小于0.007°。

表2.5 不同非对准角对地磁矢量测量的影响

非对准角	北/nT	天/nT	东/nT
(0.007°,0.007°,0.007°)	7.0	7.4	10.2
(0.014°,0.014°,0.014°)	14.0	14.8	20.4
(0.035°,0.035°,0.035°)	34.0	36.1	49.6
(0.069°,0.069°,0.069°)	69.1	73.3	100.6
(0.137°,0.137°,0.137°)	137.3	145.5	199.7

由于磁传感器与惯导坐标系均不可视，而且两者测量不同物理量，通过机械对准和人工对准，非对准误差难以达到1°以内。而10nT地磁矢量误差要求非对准误差须小于0.007°，显然，距离要求还差两个数量级，此要求是校正后的参数要求，即校正残差小于此参数。由于非对准校正难度相对磁传感器校正难度较大，达到10nT的目标，即0.007°的坐标误差不易实现。非对准校正需要借助中间坐标系，从工艺上，此坐标系的精度达到0.01°是一个极限值，即使通过一系列校正，非对准误差引起的误差会超过20nT。

4. 惯导干扰误差影响规律

仿真条件与前面设置相同，假设北、天、东地磁矢量为[35 218 −33 062 −2105]nT，该值作为真实值进行误差评估。地磁矢量测量系统在三维坐标系下进行转动，偏航角、俯仰角、横滚角从−180°变化到180°，转动轨迹相同。由表2.6可知，软磁干扰矩阵主对角线从1.0003变化到1.0057(非对角线参数为零)，则地磁矢量测量误差从10.5nT变化到199.6nT。如果要求地磁矢量系统测量误差小于50nT，则主对角线须小于1.0014；如果要求地磁矢量系统测量误差小于 20nT,则主对角线须小于 1.0006；如果要求地磁矢量系统测量误差小于 10nT,则主对角线须小于 1.0003。

表 2.6　软磁干扰矩阵主对角线参数对地磁矢量测量的影响

主对角线参数	北/nT	天/nT	东/nT
(1.0003,1.0003,1.0003)	10.5	9.9	0.6
(1.0006,1.0006,1.0006)	21.1	19.8	1.3
(1.0014,1.0014,1.0014)	49.2	46.2	2.9
(1.0028,1.0028,1.0028)	98.3	92.3	5.8
(1.0057,1.0057,1.0057)	199.6	187.3	11.9

由表 2.7 可知,软磁干扰矩阵非主对角线从 0.000 12 变化到 0.002 33(对角线参数为零),则地磁矢量测量误差从 10.3nT 变化到 200.1nT,如果要求地磁矢量系统测量误差小于 50nT,则非主对角线须小于 0.000 58；如果要求地磁矢量系统测量误差小于 20nT,则非主对角线须小于 0.000 24；如果要求地磁矢量系统测量误差小于 10nT,则非主对角线须小于 0.000 12。

表 2.7　软磁干扰矩阵其他参数对地磁矢量测量的影响

非主对角线 6 个参数	北/nT	天/nT	东/nT
0.000 12	10.3	5.9	8.4
0.000 24	20.6	11.9	16.7
0.000 58	49.7	28.7	40.5
0.001 16	99.5	57.5	81.0
0.002 33	200.1	115.5	162.7

由表 2.8 可知,如果要求地磁矢量系统测量误差小于 50nT,则硬磁干扰须小于 29nT；如果要求地磁矢量系统测量误差小于 20nT,硬磁干扰须小于 12nT；如果要求地磁矢量系统测量误差小于 10nT,硬磁干扰须小于 6nT。实际上,各误差因素不会孤立存在,存在综合影响,则各误差需要进一步控制。

惯导干扰在几个干扰因素中数值最大,硬磁干扰参数、软磁干扰参数与传感器放置位置有关,也与固定螺钉等材料有关,当磁传感器与惯导距离增加时,干扰数值大幅降低。安装距离过近,导致干扰参数非线性化,残差大幅增加,安装距离过远则系统体积增加。

表 2.8 硬磁干扰矩阵对地磁矢量测量的影响

硬磁干扰参数	北/nT	天/nT	东/nT
(6,6,6)nT	10.3	8.4	10.3
(12,12,12)nT	20.6	16.9	20.6
(29,29,29)nT	49.9	41.0	49.9
(58,58,58)nT	99.8	82.0	99.8
(116,116,116)nT	199.8	164.0	199.7

第3章　三轴磁传感器校正方法优化研究

由于工艺局限，地磁矢量测量系统中的三轴磁传感器误差难以避免。磁传感器误差不仅对地磁矢量测量造成影响，而且直接影响非对准角和干扰参数的计算，因此磁传感器误差校正是整个系统校正与补偿的基础。针对磁传感器校正系列问题，重点突破了传感器参数的快速高精度估计算法、通用性强的数据采样策略、非线性误差一体化校正、基于统计模型的温度误差抑制方法，解决了磁传感器校正的多个关键问题。

3.1　三轴磁传感器校正算法

3.1.1　传感器误差模型

正交坐标系和磁传感器坐标的关系如图3.1所示。正交坐标系为 $O\text{-}X_mY_mZ_m$，磁传感器坐标系为 $O\text{-}xyz$。

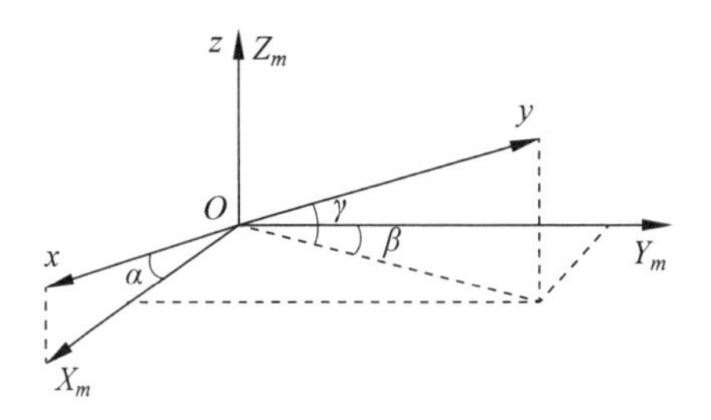

图3.1　正交坐标系和磁传感器坐标系

两个坐标的关系可表示为

$$\begin{bmatrix} X_m \\ Y_m \\ Z_m \end{bmatrix} = \begin{bmatrix} \cos\alpha & \cos\gamma\sin\beta & 0 \\ 0 & \cos\gamma\cos\beta & 0 \\ \sin\alpha & \sin\gamma & 1 \end{bmatrix} \begin{bmatrix} x \\ y \\ z \end{bmatrix} \tag{3.1}$$

其中，α 是 x 轴和 X_m 轴之间的夹角；γ 是 y 轴和平面 X_mOY_m 之间的夹

角；β 是 Y_m 轴和 y 轴在 X_mOY_m 平面投影之间的夹角。考虑到各轴零偏和刻度因子误差，传感器校正模型可以表示为

$$\boldsymbol{H}=\begin{bmatrix}H_x\\H_y\\H_z\end{bmatrix}=\begin{bmatrix}k_1\cos\alpha & k_2\cos\gamma\sin\beta & 0\\0 & k_2\cos\gamma\cos\beta & 0\\k_1\sin\alpha & k_2\sin\gamma & k_3\end{bmatrix}\begin{bmatrix}B_{m1}-b_x\\B_{m2}-b_y\\B_{m3}-b_z\end{bmatrix}\tag{3.2}$$

其中，k_1,k_2,k_3 分别是磁传感器 x,y,z 轴刻度因子；B_{m1},B_{m2},B_{m3} 是磁传感器测量值；b_x,b_y,b_z 是 x,y,z 轴零偏；H_x,H_y,H_z 是真实磁场投影。对式(3.2)两边进行平方，总量关系表示为

$$\begin{aligned}\boldsymbol{H}^{\mathrm{T}}\boldsymbol{H}=&k_1^2B_{m1}^2+k_2^2B_{m2}^2+k_3^2B_{m3}^2+\\&2k_1k_2B_{m1}B_{m2}(\cos\alpha\cos\gamma\sin\beta+\sin\alpha\sin\gamma)+\\&2k_2k_3B_{m2}B_{m3}\sin\gamma+2k_1k_3B_{m3}B_{m1}\sin\alpha-\\&2[k_1^2b_x+k_1k_2b_y(\cos\alpha\cos\gamma\sin\beta+\sin\alpha\sin\gamma)+k_1k_3b_z\sin\alpha]B_{m1}-\\&2[k_1k_2b_x(\cos\alpha\cos\gamma\sin\beta+\sin\alpha\sin\gamma)+k_2^2b_y+k_2k_3b_z\sin\gamma]B_{m2}-\\&2(k_1k_3b_x\sin\alpha+k_2k_3b_y\sin\gamma+k_3^2b_z)B_{m3}+\\&k_1^2b_x^2+k_2^2b_y^2+k_3^2b_z^2+2k_1k_2b_xb_y(\cos\alpha\cos\gamma\sin\beta+\sin\alpha\sin\gamma)+\\&2k_2k_3b_yb_z\sin\gamma+2k_1k_3b_xb_z\sin\alpha\end{aligned}\tag{3.3}$$

式(3.3)中，应求解 $k_1,k_2,k_3,\alpha,\beta,\gamma,b_x,b_y,b_z$ 九个参数，参数求解的核心是参数估计算法，计算参数代入式(3.2)即可实现传感器校正。

3.1.2 Levenberg Marquardt 校正算法

1. 算法原理

高斯-牛顿迭代法被广泛运用于非线性问题，其基本思路是使用泰勒级数展开式去近似地代替非线性回归模型。然后经过多次迭代，多次修正回归系数，使回归系数不断逼近非线性模型的最佳回归系数，最后使原模型的残差平方和达到最小。待估参数向量 $\boldsymbol{W}(n)$ 迭代过程如下：

$$\boldsymbol{W}(n+1)=\boldsymbol{W}(n)+\Delta\boldsymbol{W}(n)\tag{3.4}$$

其中，n 是迭代次数，参数变化量表示如下：

$$\Delta\boldsymbol{W}=-[\boldsymbol{J}^{\mathrm{T}}(\boldsymbol{W})\boldsymbol{J}(\boldsymbol{W})]^{-1}\boldsymbol{J}^{\mathrm{T}}(\boldsymbol{W})\boldsymbol{e}(\boldsymbol{W})\tag{3.5}$$

其中，$\boldsymbol{J}(\boldsymbol{W})$ 为待估参数的雅克比矩阵；$\boldsymbol{e}(\boldsymbol{W})=[e_1(W),e_2(W),\cdots,$

$e_P(W)]^T$ 为待估参数误差向量；P 为待估参数的数量。Levenberg Marquardt(L-M)算法是高斯-牛顿算法的改进形式，可提高高斯-牛顿算法参数估计性能。Levenberg Marquardt 算法计算原则如下：

$$\Delta \boldsymbol{W} = -\left[\boldsymbol{J}^{T}(\boldsymbol{W})\boldsymbol{J}(\boldsymbol{W}) + \mu \boldsymbol{I}\right]^{-1}\boldsymbol{J}^{T}(\boldsymbol{W})\boldsymbol{e}(\boldsymbol{W}) \tag{3.6}$$

其中，$\mu>0$ 是自动调节系数，满足计算总量值的误差最小；$\boldsymbol{I}$ 是单位矩阵。

2. 仿真分析

仿真中，为了获得足够的信息进行参数估计，设计了磁传感器三维空间多姿态测量，即磁传感器在三维球体空间多个位置，姿态各异情况下，获取各点测量值。如图 3.2 所示，有数百个测量点。假设磁场强度真值为 48 276nT，测量噪声是均值为零、标准差为 2nT 的高斯白噪声。根据 DM-050 磁传感器参数设定预设值，预设值列于表 3.1。通过空间多个位置多个姿态的激励，充分获取了磁传感器误差参数在各个方向引起的误差值。

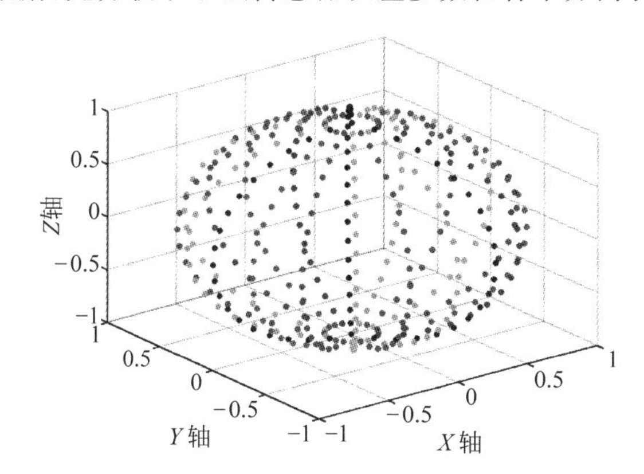

图 3.2　三维空间多姿态测量(见文前彩图)

表 3.1　仿真估计参数(L-M 算法)

参　数	预　设　值	估　计　值
b_x/nT	10	11.012
b_y/nT	−5	−3.957
b_z/nT	−12	−11.008
K_1	1.0015	1.001 499
K_2	1.0016	1.001 600 6
K_3	1.0017	1.001 700 1
α/(°)	-8×10^{-3}	-8.01×10^{-3}
β/(°)	7×10^{-3}	6.88×10^{-3}
γ/(°)	2.7×10^{-3}	2.73×10^{-3}

采用 Levenberg Marquardt 算法估计磁传感器参数(零偏、刻度因子、非正交角)。MATLAB 工具箱使用默认的调节系数。从表 3.1 可以看出，估计参数与预定参数一致。估计的参数被用来校正磁传感器，总量和分量校正误差分别如图 3.3 和图 3.4 所示。校正后，总量均方根误差从 79.296nT 降低到 0.516nT。X，Y 和 Z 轴分量均方根误差分别从 39.187nT，39.051nT 和 58.851nT 降低到 0.601nT，0.583nT 和 0.556nT。

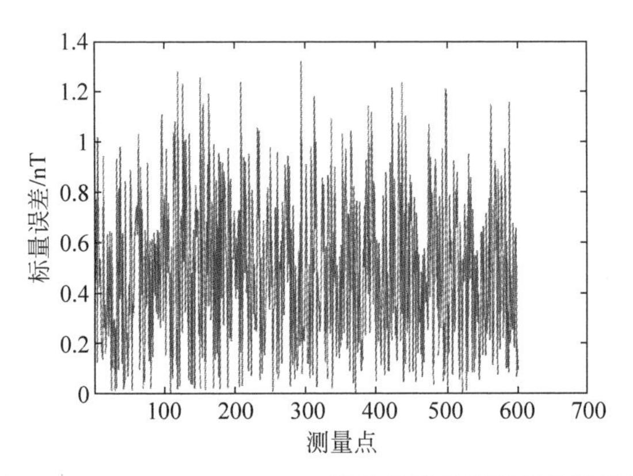

图 3.3 Levenberg Marquardt 算法总量校正误差仿真结果

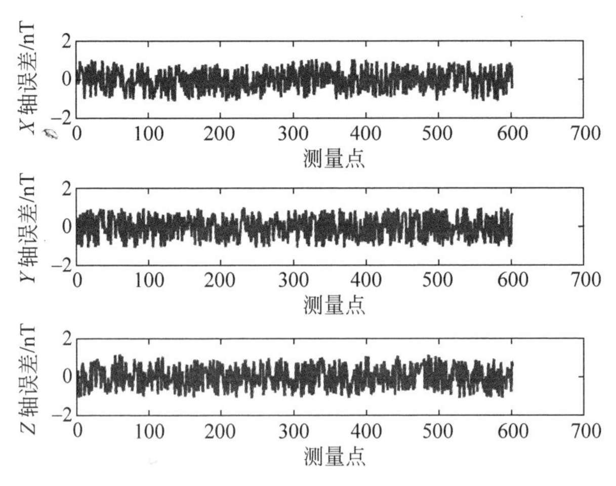

图 3.4 Levenberg Marquardt 算法分量校正误差仿真结果

磁传感器校正属于标量约束，由于误差模型仅包含 9 个参数，基于标量约束方法能准确分离各参数，正确估计磁传感器误差参数。只有准确分离各参数，才能校正分量误差。另外，由于仿真中设置了传感器测量噪声，导致参数估计不确定性，因此存在校正残差。校正残差幅度值与噪声大小关系明确，呈线性关系，校正残差随着噪声标准差增加而增大。

3. 实验验证

实验系统包括一个磁通门传感器(DM-050)、一个质子磁力仪(提供磁场强度的真实值)、一个二维的无磁性旋转设备(改变三轴磁通门传感器的姿态)、一台笔记本电脑(记录并保存测量结果)、12V-DC便携式电源装置、数据采集软件STL GradMag、数据采集与处理软件(LabVIEW与MATLAB R2010a)。

根据DM-050磁通门传感器手册，探头直径为48mm，长度为150mm，质量为0.3 kg(图3.5)，其测量范围为 ±1 000 000nT(向量值)。质子磁力仪测量范围从30 000nT到70 000nT(总量值)，其分辨率是0.1nT。质子磁力仪用来提供磁场强度真值。铜制无磁性旋转平台，由转动曲柄控制转角，分辨率为1°。便携式计算机通过PCI接口模块连接到磁通门传感器，用来存储数据。便携式电源(12V)为磁通门传感器供电。DM-050磁传感器数据采集软件为STL GradMag，是STL公司的官方软件，用于信号显示和数据存储。算法由MATLAB 7.1软件编程。高精度质子磁力仪测量地磁场真实总量值。图3.6显示了质子磁力仪，由探头、电缆、无磁性杆和控制设备组成。

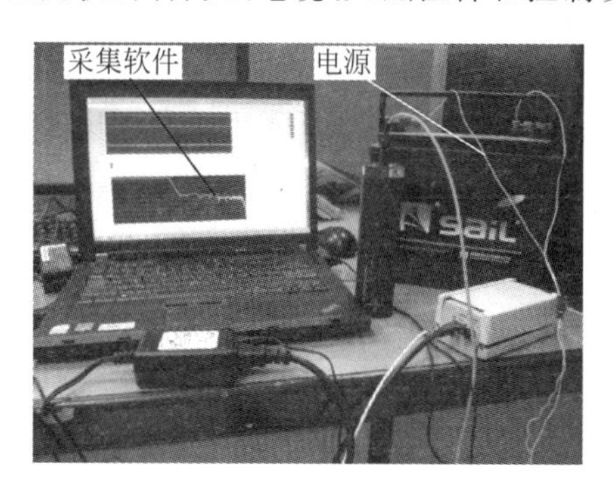

图3.5　DM-050三轴磁传感器

为了估计磁传感器参数，选择一个磁干扰小的地点。首先，用质子磁力仪测量真正的磁场强度。然后，把无磁性旋转设备放置于水平地面上。三轴磁通门传感器被固定在无磁性旋转设备上。DM-050磁传感器和无磁性旋转设备的安装情况如图3.7所示。最后，使用无磁性旋转设备，在3D上对三轴磁传感器进行随机旋转。“随机”意味着旋转的方向和角度是随机的。

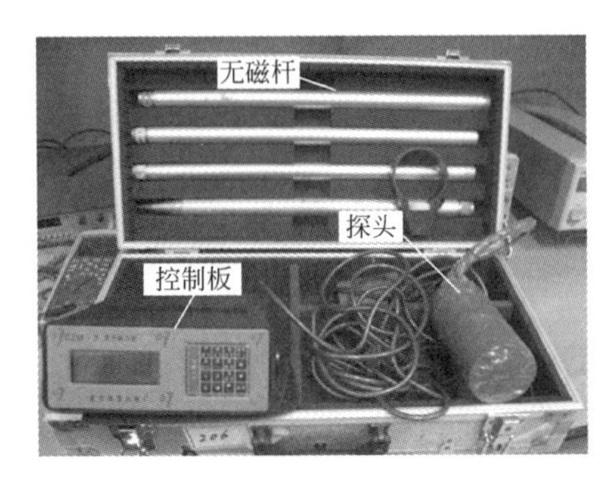

图 3.6 质子磁力仪

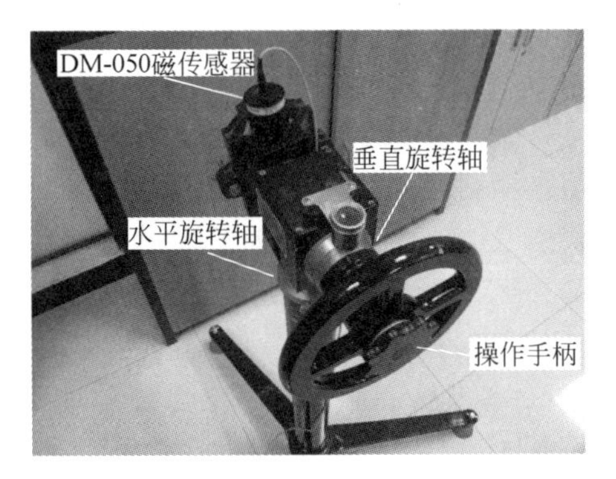

图 3.7 DM-050 磁传感器和无磁性旋转设备的安装情况

Levenberg Marquardt 算法用于 DM-050 磁传感器校正。初始参数设置为 $\boldsymbol{W}_0=[0\ 0\ 0\ 1\ 1\ 1\ 0\ 0\ 0]$。校正性能与残差分别如图 3.8 和图 3.9 所示。校正后，均方根误差从 84.177nT 降低到 4.076nT。

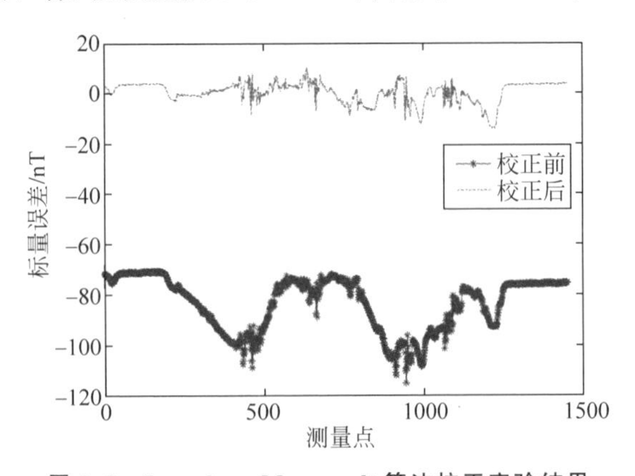

图 3.8 Levenberg Marquardt 算法校正实验结果

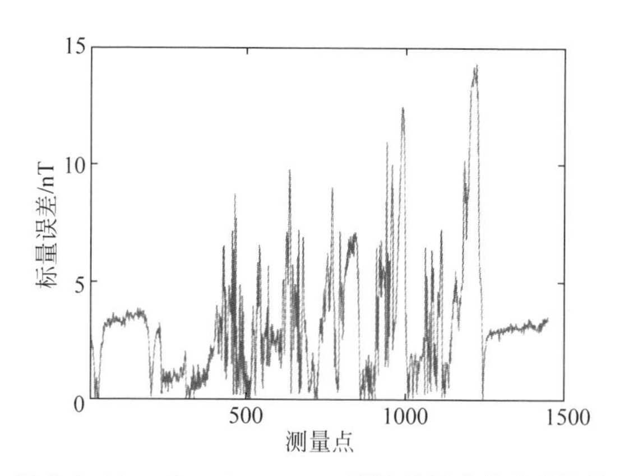

图 3.9 Levenberg Marquardt 算法校正残差实验结果

3.1.3 算法性能比较

1. 校正效果对比

针对 DM-050 传感器三组实验数据，对无迹卡尔曼滤波(UKF)、遗传算法(GA)、递归最小二乘法(RLS)、微分进化算法(DE)、高斯-牛顿和 L-M 算法的校正结果进行了分析：①校正位置 36 点静态测量(数据 1)。②校正位置任意转动测量(数据 2)。③距离校正位置 50m 的另一位置的任意转动测量(数据 3)。

三组实验数据，6 种算法的初始参数均保持不变。6 种算法校正结果见表 3.2。可知，第一组和第二组数据中，这 6 种算法的校正性能均比较好。数据 1 校正结果中，UKF 校正效果最差，其次为 GA、高斯-牛顿和 RLS 算法，DE 和 L-M 算法效果最佳。数据 2 校正结果中，同样 UKF 效果最差，其次为 GA、RLS、DE 和高斯-牛顿，L-M 算法效果最佳。可知，数据 2 与数据 1 校正效果略有不同，两组数据的差异在于，数据 1 各测量点经过平均值处理，数据 2 校正结果从一定程度上反映了抗噪性能。

表 3.2 不同算法对三组数据的校正结果

数据	校正前	UKF	GA	RLS	DE	高斯-牛顿	L-M
数据 1	78.062	5.869	5.124	4.320	4.298	4.327	4.298
数据 2	84.177	6.178	5.126	4.672	4.167	4.106	4.075
数据 3	68.914	54.902	9.493	720.416	2.919	2.853	2.809

数据3中，数据量增大，可能会引入更多环境噪声，RLS算法失效，校正后误差急剧增大，UKF校正效果同样较差，其次是GA、DE和高斯-牛顿，L-M算法效果依然最佳。UKF算法和RLS校正后，总量的均方根误差分别达到54.902nT和720.416nT。GA的均方根误差也增加到了9.493nT。然而，DE的均方根误差降低到2.919nT，高斯-牛顿降低到2.853nT，L-M算法降低到2.809nT。为了使RLS和UKF保证数据3的校正有效性，必须重新调节初始参数。UKF校正性能较差。因为卡尔曼滤波器测量噪声的前提是高斯噪声，但这在实验中难以得到满足。因此，该算法的性能会受到影响。总体上，L-M算法具有最佳的校正性能。

2. 初始参数影响分析

初始参数影响搜索算法的性能。事实上，三轴磁传感器的比例因子约为1，非正交误差角很小(DM-050角度误差小于0.01°)。因此，在仿真和实验中，刻度因子和非正交误差角的初始参数被分别设置为1和0。然而，不同类型的磁传感器的零偏差异较大，需研究初始零偏参数影响。假设磁场强度真值为48 276nT，测量噪声是均值为零、标准差为2nT的高斯白噪声。表3.3显示了初始零偏参数分别为10nT，100nT，10 000nT和20 000nT时的估计结果。结果表明，估计参数相似。因此，无须严格地设置Levenberg Marquardt算法的初始参数。然而，迭代次数分别是3，3，5和12。理论上，调节系数μ的初始值几乎不会影响估计结果，但它可能会影响迭代次数。

表3.3 不同初始零偏时的参数估计值

参数	10nT	100nT	10 000nT	25 000nT
K_1	1.001 038 4	1.001 038 3	1.001 038 4	1.001 038 4
K_2	1.001 219 8	1.001 219 7	1.001 219 8	1.001 219 8
K_3	1.001 782 48	1.001 782 45	1.001 782 52	1.001 782 48
α/(°)	0.020 360 2	0.020 368 5	0.020 361 2	0.020 365 6
β/(°)	−0.064 518	−0.064 522	−0.064 514	−0.064 519
γ/(°)	0.029 395 1	0.029 398 6	0.029 391 5	0.029 395 9
b_x/nT	15.0701	15.0714	15.0684	15.0702
b_y/nT	5.3814	5.3828	5.3799	5.3817
b_z/nT	−17.4048	−17.4058	−17.4033	−17.4048

采用Levenberg Marquardt算法校正磁传感器，无须严格设置初始参数，并且校正性能更稳定。UKF算法和RLS算法对初始参数敏感。初始

参数设置不合适时，校正性能会急剧下降，UKF的最优初始参数难以调节。例如，设置不同的遗忘因子，RLS算法的校正结果列于表3.4，甚至初始参数的微小改变会导致错误的估计参数。因此，UKF算法和RLS算法初始参数的选择比较复杂。

表3.4　遗忘因子对RLS算法均方根误差的影响

校正前	$\lambda=0.8$	$\lambda=0.9$	$\lambda=1.1$	$\lambda=1.2$	$\lambda=1.3$
78.062nT	33.889nT	5.316nT	5.028nT	5.773nT	7.405nT

分析不同初始参数下DE算法的校正性能。不同种群大小、迭代次数、交叉概率、变异步长情况下，校正结果分别列于表3.5～表3.8。可以发现，DE算法的校正结果对初始参数不敏感，因此更实用。

表3.5　种群大小对DE算法均方根误差的影响

校正前	$N=60$	$N=70$	$N=80$	$N=90$	$N=100$
78.062nT	4.311nT	4.304nT	4.309nT	4.305nT	4.305nT

表3.6　迭代次数对DE算法均方根误差的影响

校正前	$G=30$	$G=40$	$G=50$	$G=60$	$G=70$
78.062nT	4.419nT	4.337nT	4.305nT	4.300nT	4.298nT

表3.7　突变步长对DE算法均方根误差的影响

校正前	$F=0.5$	$F=0.6$	$F=0.7$	$F=0.8$	$F=0.9$
78.062nT	4.298nT	4.299nT	4.305nT	4.347nT	4.442nT

表3.8　交叉概率对DE算法均方根误差的影响

校正前	$CR=0.5$	$CR=0.6$	$CR=0.7$	$CR=0.8$	$CR=0.9$
78.062nT	4.331nT	4.318nT	4.305nT	4.301nT	4.299nT

不同算法的参数估计时间存在一定差异。其中，RLS、高斯-牛顿、L-M算法用时较少，UKF和DE比较耗时，GA最耗时。测量过程中，导致磁场变化或磁传感器特性变化的几个因素如下：测量过程中温度可能变化，影响磁传感器特性，导致温度漂移；地磁变化影响测量。传统模型没有考虑非线性、磁滞、温度误差和噪声。目前，大多数研究人员在误差模型中忽略了这些因素。为了提高三轴磁传感器校正性能，需研究包括这些因素的误差模型。

3.2 数据采样策略影响

实验中,应考虑采样策略对校正性能的影响。张红良等校正了惯性测量单元,他们设计了一个最优的惯性测量单元采样策略,并与传统的 24 位置方案进行了比较。同样,采样策略是磁传感器校正的重要因素。如果采样策略不合适,将导致磁传感器参数估计偏差。整体上,有关采样策略的文献不多,或者研究人员只考虑一个采样策略,缺乏采样策略的定量分析和对比分析。研究采样策略有利于设计磁传感器校正实验。另外,需要对不同采样策略估计参数的通用性进行测试。本节提出对称采样策略,对几种不同采样策略进行定量比较,并对参数的通用性进行分析,从而验证对称采样策略的优势。

3.2.1 采样策略设计

如何设计采样策略更有利于传感器参数估计值得研究。采用三种不同策略校正三轴磁传感器:①对称采样策略,如图 3.10 所示。②正交采样策略,如图 3.11 所示。③随机采样策略,如图 3.12 所示。

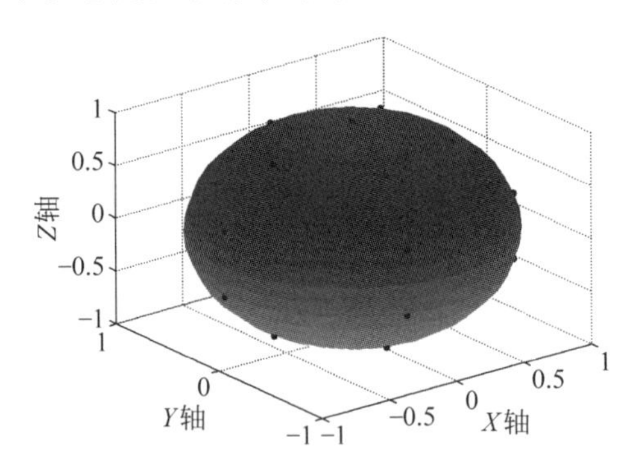

图 3.10 对称采样策略(见文前彩图)

如图 3.10 所示,对称采样策略中测量点在球体中对称分布,姿态各异。如图 3.11 所示,正交采样策略中传感器分别绕其 X,Y,Z 轴转动。随机采样中,采用旋转平台任意转动 DM-050 磁传感器,磁传感器的测量轨迹如图 3.12 所示。旋转时不断记录磁场测量值,所有测量值用于参数估计。

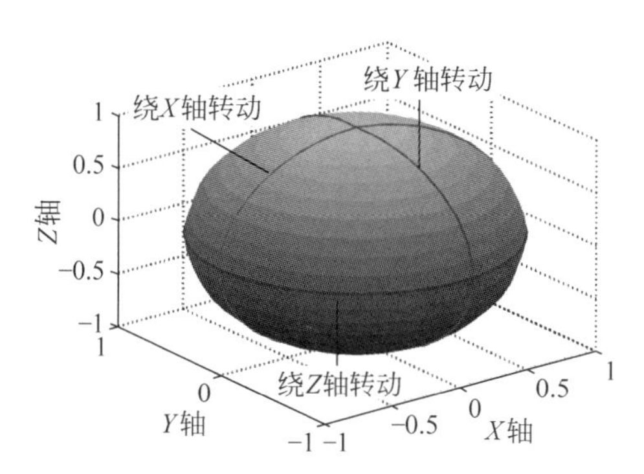

图 3.11 正交采样策略(见文前彩图)

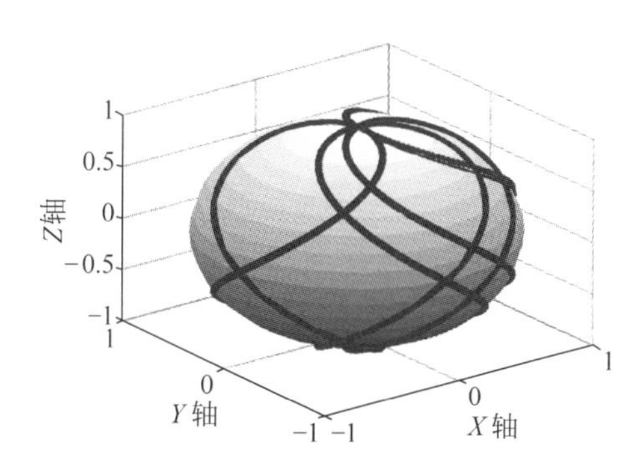

图 3.12 随机采样策略(见文前彩图)

3.2.2 实验分析

实验系统由一个 MAG3300 三轴磁通门传感器、质子磁力仪和无磁性旋转设备组成,如图 3.13 所示。质子磁力仪提供磁场总量值。无磁性旋转设备保证磁通门传感器按照设计的策略测量数据。便携式计算机连接到磁通门传感器,用来记录和保存测量数据。数据采集软件由 C++Builder 编程,数据处理软件由 MATLAB 7.1 编程。

选择一个磁干扰小的地点作为校正位置。首先,实施 36 点对称策略采样。其次,实施正交策略采样。然后,使用无磁性旋转设备,对三轴磁传感器进行随机和连续旋转,即随机策略采样。为了测试校正参数通用性,在约 20m 远的另一地点,对三轴磁传感器进行随机和连续旋转(验证点)。三种策略估计的参数被用于验证点数据校正。

(a)

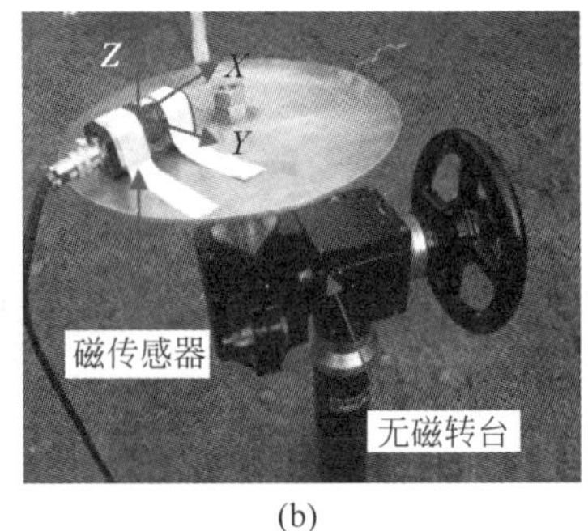

(b)

图 3.13　采样策略实验系统

(a) 质子磁传感器；(b) 三轴磁传感器和无磁性旋转设备

1. 对称策略校正结果

总量质子磁传感器在校正位置的测量值为 48 193nT。图 3.14 显示了 MAG3300 磁传感器对称策略校正结果。校正后，均方根误差从 1725nT 降低到 198nT，对应的误差抑制比例为 88.5%。

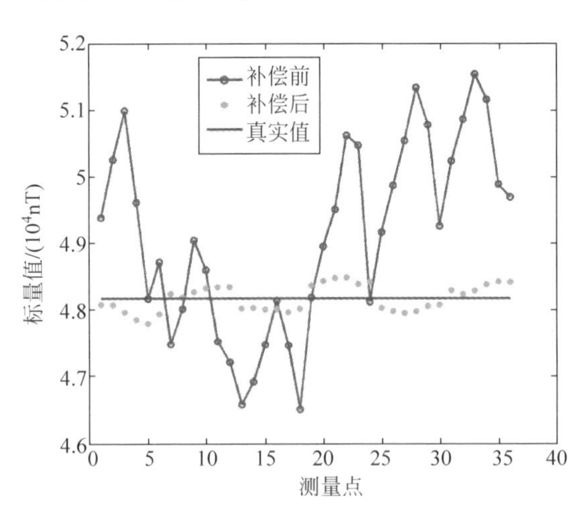

图 3.14　MAG3300 磁传感器对称策略校正结果

2. 正交策略校正结果

根据正交策略，磁传感器分别绕 X、Y 和 Z 轴转动，总共有 963 个测量点。校正结果如图 3.15 所示。校正后，均方根误差从 1247nT 降低到

181nT，对应的误差抑制比例为85.5%。

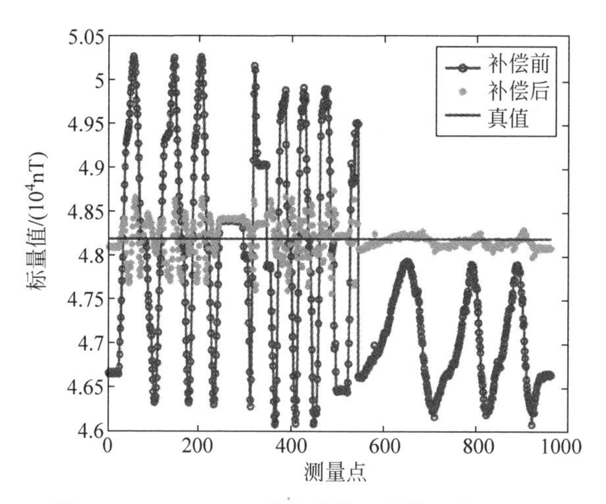

图3.15 MAG3300磁传感器正交策略校正结果

3. 随机策略校正结果

图3.16显示了随机策略校正性能。校正后，均方根误差从1607nT降低到200nT，对应的误差抑制比例为87.6%。

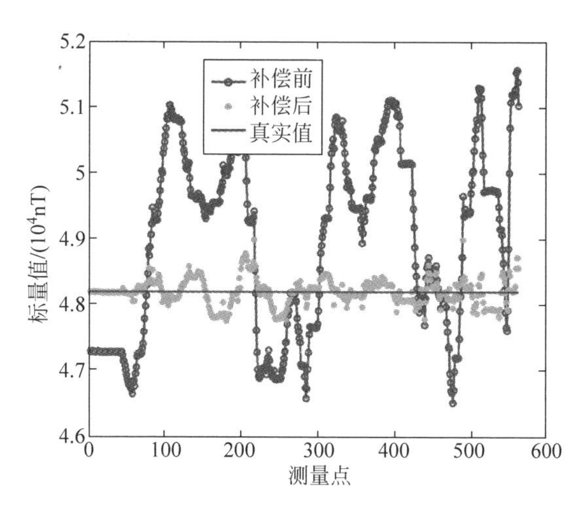

图3.16 MAG3300磁传感器随机策略校正结果

表3.9中列出了几种策略的校正误差。校正前，对称策略均方根误差

最大，正交采样策略最少。这是因为对称策略代表更多的姿态信息，正交采样策略仅包括在三个正交方向上的测量数据。对称采样策略中，非线性误差、磁滞更加明显。然而，考虑到均方根误差抑制比例，对称策略校正性能最佳。

表 3.9 三种采样策略均方根误差比较

采样策略	对称策略	正交策略	随机策略
原始均方根误差/nT	1725	1247	1607
抑制比例/%	88.5	85.5	87.6

4. 校正参数通用性测试

另一个位置被选作验证点位置。为了测试校正参数通用性，对称策略在校正位置估计的校正参数用于验证点的磁传感器校正。同样，正交策略和随机策略估计的参数用于验证点的磁传感器校正。表 3.10 显示了均方根误差抑制效果，从而评价其通用性。结果表明，对称采样策略最佳。校正后，均方根误差抑制比例为 83.3%。

表 3.10 三种采样策略通用性测试结果

采样策略	对称策略	正交策略	随机策略
原始均方根误差/nT	1324	1324	1324
抑制比例/%	83.2	78.9	78.8

36 点对称采样策略具有以下优点：①属于静态测量，通过多个测量值求平均降低噪声影响，有利于磁传感器参数准确估计。②采样数据更具有三维代表性。采样策略影响参数估计精度和三轴磁传感器校正性能。设计了三种不同的策略进行三轴磁通门传感器校正。实验结果表明，对称策略性能优于正交策略和随机策略。此外，对称策略通用性最佳。提供了一种有效的磁传感器采样策略，有利于提高磁场测量精度。

3.3 磁传感器非线性的一体化校正

传统校正模型中忽略了磁传感器参数非线性。事实上，刻度因子是非线性的，这是影响传统模型校正性能的一个重要因素。本节提出了一种新的三轴磁传感器校正模型，考虑了各轴刻度因子非线性。刻度因子的非线性系数用于校正磁传感器，并分析了采样策略对非线性系数的影响。

3.3.1　传统误差模型

传统磁传感器模型见式(3.2)，通过对等式两边进行平方可得：

$$\begin{aligned}\boldsymbol{H}^{\mathrm{T}}\boldsymbol{H}=&(a_{11}^2+a_{31}^2)B_{m1}^2+(a_{12}^2+a_{22}^2+a_{32}^2)B_{m2}^2+a_{33}^2B_{m3}^2+\\&2(a_{11}a_{12}+a_{31}a_{32})B_{m1}B_{m2}+2a_{32}a_{33}B_{m2}B_{m3}+2a_{31}a_{33}B_{m1}B_{m3}-\\&2(a_{11}^2E_{r1}+a_{31}^2E_{r1}+a_{11}a_{12}E_{r2}+a_{31}a_{32}E_{r2}+a_{31}a_{33}E_{r3})B_{m1}-\\&2(a_{11}a_{12}E_{r1}+a_{31}a_{32}E_{r1}+a_{12}^2E_{r2}+a_{22}^2E_{r2}+a_{32}^2E_{r2}+a_{32}a_{33}E_{r3})B_{m2}-\\&2(a_{31}a_{33}E_{r1}+a_{32}a_{33}E_{r2}+a_{33}^2E_{r3})B_{m3}+f(E_{r1},E_{r2},E_{r3})\end{aligned}\tag{3.7}$$

其中，

$$\begin{cases}a_{11}=k_1\cos\alpha\\a_{12}=k_2\sin\beta\cos\gamma\\a_{22}=k_2\cos\beta\cos\gamma\\a_{31}=k_1\sin\alpha\\a_{32}=k_2\sin\gamma\\a_{33}=k_3\end{cases}\tag{3.8}$$

其中，k_1,k_2,k_3 分别为 X,Y,Z 轴的刻度因子；E_{r1},E_{r2},E_{r3} 分别为 X,Y,Z 轴的零偏；α,β,γ 为非正交误差角；B_{m1},B_{m2},B_{m3} 是磁传感器分量测量值；$\boldsymbol{H}=[H_x,H_y,H_z]^{\mathrm{T}}$ 是磁场真实值。式(3.7)可以表示为

$$\begin{aligned}\boldsymbol{H}^{\mathrm{T}}\boldsymbol{H}=&P_1B_{m1}^2+P_2B_{m2}^2+P_3B_{m3}^2+P_4B_{m1}B_{m2}+P_5B_{m2}B_{m3}+\\&P_6B_{m1}B_{m3}+P_7B_{m1}+P_8B_{m2}+P_9B_{m3}+P_{10}\end{aligned}\tag{3.9}$$

其中，$P_1,P_2,\cdots,P_9$ 是参数 $k_1,k_2,k_3,\alpha,\beta,\gamma$ 的函数；$P_{10}=f(E_{r1},E_{r2},E_{r3})$ 是 E_{r1},E_{r2},E_{r3} 的函数。当 $P_1,P_2,\cdots,P_{10}$ 已知时，可以计算磁传感器的参数 $k_1,k_2,k_3,\alpha,\beta,\gamma,E_{r1},E_{r2},E_{r3}$。传统磁传感器校正方法的细节可参考相关文献。

3.3.2　非线性一体化校正模型

考虑刻度因子非线性，刻度因子加一次项系数，则式(3.8)中

$$\begin{cases} k_1 = k_{x0} + k_{x1} B_{m1} \\ k_2 = k_{y0} + k_{y1} B_{m2} \\ k_3 = k_{y0} + k_{y1} B_{m2} \end{cases} \tag{3.10}$$

式(3.9)变成

$$\boldsymbol{H}^{\mathrm{T}}\boldsymbol{H} = M_1 + M_2 + M_3 + M_4 + M_5 + M_6 + M_7 + M_8 + M_9 + M_{10} \tag{3.11}$$

其中，

$$M_1 = k_{x0}^2 B_{m1}^2 + 2k_{x0}k_{x1}B_{m1}^3 + k_{x1}^2 B_{m1}^4$$

$$M_2 = k_{y0}^2 B_{m2}^2 + 2k_{y0}k_{y1}B_{m2}^3 + k_{y1}^2 B_{m2}^4$$

$$M_3 = k_{z0}^2 B_{m3}^2 + 2k_{z0}k_{z1}B_{m3}^3 + k_{z1}^2 B_{m3}^4$$

$$\begin{aligned} M_4 = {} & 2k_{x0}k_{y0}(\cos\alpha\cos\gamma\sin\beta + \sin\alpha\sin\gamma)B_{m1}B_{m2} + \\ & 2k_{x1}k_{y0}(\cos\alpha\cos\gamma\sin\beta + \sin\alpha\sin\gamma)B_{m1}^2 B_{m2} + \\ & 2k_{x0}k_{y1}(\cos\alpha\cos\gamma\sin\beta + \sin\alpha\sin\gamma)B_{m1}B_{m2}^2 + \\ & 2k_{x1}k_{y1}(\cos\alpha\cos\gamma\sin\beta + \sin\alpha\sin\gamma)B_{m1}^2 B_{m2}^2 \end{aligned}$$

$$\begin{aligned} M_5 = {} & 2k_{y0}k_{z0}\sin\gamma B_{m2}B_{m3} + 2k_{y0}k_{z1}\sin\gamma B_{m2}B_{m3}^2 + \\ & 2k_{y1}k_{z0}\sin\gamma B_{m2}^2 B_{m3} + 2k_{y1}k_{z1}\sin\gamma B_{m2}^2 B_{m3}^2 \end{aligned}$$

$$\begin{aligned} M_6 = {} & 2k_{x0}k_{z0}\sin\alpha B_{m1}B_{m3} + 2k_{x0}k_{z1}\sin\alpha B_{m1}B_{m3}^2 + \\ & 2k_{x1}k_{z0}\sin\alpha B_{m1}^2 B_{m3} + 2k_{x1}k_{z1}\sin\alpha B_{m1}^2 B_{m3}^2 \end{aligned}$$

$$\begin{aligned} M_7 = {} & -2[2k_{x0}k_{x1}E_{r1} + k_{x1}k_{y0}(\cos\alpha\cos\gamma\sin\beta + \sin\alpha\sin\gamma)E_{r2} + \\ & k_{x1}k_{z0}\sin\alpha E_{r3}]B_{m1}^2 - 2k_{x1}^2 E_{r1}B_{m1}^3 - \\ & 2k_{x0}k_{y1}(\cos\alpha\cos\gamma\sin\beta + \sin\alpha\sin\gamma)E_{r2}B_{m1}B_{m2} - \\ & 2k_{x0}k_{z1}\sin\alpha E_{r3}B_{m1}B_{m3} - \\ & 2k_{x1}k_{y1}(\cos\alpha\cos\gamma\sin\beta + \sin\alpha\sin\gamma)E_{r2}B_{m1}^2 B_{m2} - \\ & 2k_{x1}k_{z1}\sin\alpha E_{r3}B_{m1}^2 B_{m3} - 2[2k_{x0}^2 E_{r1} + \\ & k_{x0}k_{y0}(\cos\alpha\cos\gamma\sin\beta + \sin\alpha\sin\gamma)E_{r2} + k_{x0}k_{z0}\sin\alpha E_{r3}]B_{m1} \end{aligned}$$

$$\begin{aligned} M_8 = {} & -2k_{x1}k_{y0}(\cos\alpha\cos\gamma\sin\beta + \sin\alpha\sin\gamma)E_{r1}B_{m1}B_{m2} - \\ & 2[2k_{y0}k_{y1}E_{r2} + k_{x0}k_{y1}(\cos\alpha\cos\gamma\sin\beta + \sin\alpha\sin\gamma)E_{r1} + \\ & k_{y1}k_{z0}\sin\gamma E_{r3}]B_{m2}^2 - 2k_{y1}^2 E_{r2}B_{m2}^3 - \end{aligned}$$

$$
\begin{aligned}
&2k_{y0}k_{z1}\sin\gamma E_{r3}B_{m2}B_{m3}-2k_{y1}k_{z1}\sin\gamma E_{r3}B_{m2}^{2}B_{m3}-\\
&2k_{x1}k_{y1}(\cos\alpha\cos\gamma\sin\beta+\sin\alpha\sin\gamma)E_{r1}B_{m1}B_{m2}^{2}-\\
&2[2k_{y0}^{2}E_{r2}+k_{x0}k_{y0}(\cos\alpha\cos\gamma\sin\beta+\sin\alpha\sin\gamma)E_{r1}+\\
&k_{y0}k_{z0}\sin\gamma E_{r3}]B_{m2}
\end{aligned}
$$

$$
\begin{aligned}
M_{9}=&-2k_{x1}k_{z0}\sin\alpha E_{r1}B_{m1}B_{m3}-2k_{y1}k_{z0}\sin\gamma E_{r2}B_{m2}B_{m3}-\\
&2(k_{y0}k_{z1}\sin\gamma E_{r2}+k_{x0}k_{z1}\sin\alpha E_{r1}+2k_{z0}k_{z1}E_{r3})B_{m3}^{2}-\\
&2k_{x1}k_{z1}\sin\alpha E_{r1}B_{m1}B_{m3}^{2}-2k_{y1}k_{z1}\sin\gamma E_{r2}B_{m2}B_{m3}^{2}-\\
&2k_{z1}^{2}E_{r3}B_{m3}^{3}-2(k_{x0}k_{z0}\sin\alpha E_{r1}+k_{y0}k_{z0}\sin\gamma E_{r2}+k_{z0}^{2}E_{r3})B_{m3}
\end{aligned}
$$

$$
\begin{aligned}
M_{10}=&[2k_{x0}k_{x1}E_{r1}^{2}+2k_{x1}k_{y0}(\cos\alpha\cos\gamma\sin\beta+\sin\alpha\sin\gamma)E_{r1}E_{r2}+\\
&k_{x1}k_{z0}]B_{m1}+k_{x1}^{2}E_{r1}^{2}B_{m1}^{2}+\\
&[2k_{y0}k_{y1}E_{r2}^{2}+2k_{x0}k_{y1}(\cos\alpha\cos\gamma\sin\beta+\sin\alpha\sin\gamma)E_{r1}E_{r2}+\\
&k_{y1}k_{z0}]B_{m2}+k_{y1}^{2}E_{r2}^{2}B_{m2}^{2}+[2k_{z0}k_{z1}E_{r3}^{2}+\\
&k_{y0}k_{z1}\sin\gamma E_{r2}E_{r3}+k_{x0}k_{z1}\sin\alpha E_{r1}E_{r3}]B_{m3}+\\
&2k_{x1}k_{y1}(\cos\alpha\cos\gamma\sin\beta+\sin\alpha\sin\gamma)E_{r1}E_{r2}B_{m1}B_{m2}+\\
&k_{z1}^{2}E_{r3}^{2}B_{m3}^{2}+2k_{y1}k_{z1}\sin\gamma E_{r2}E_{r3}B_{m2}B_{m3}+\\
&2k_{x1}k_{z1}\sin\alpha E_{r1}E_{r3}B_{m1}B_{m3}+k_{x0}^{2}E_{r1}^{2}+k_{y0}^{2}E_{r2}^{2}+\\
&k_{z0}^{2}E_{r3}^{2}+2k_{x0}k_{y0}(\cos\alpha\cos\gamma\sin\beta+\sin\alpha\sin\gamma)E_{r1}E_{r2}+\\
&2k_{y0}k_{z0}E_{r2}E_{r3}+2k_{x0}k_{z0}\sin\alpha E_{r1}E_{r3}
\end{aligned}
$$

式(3.9)可转化为

$$
\begin{aligned}
\boldsymbol{H}^{\mathrm{T}}\boldsymbol{H}=&P_{1}B_{m1}+P_{2}B_{m1}^{2}+P_{3}B_{m1}^{3}+P_{4}B_{m1}^{4}+P_{5}B_{m2}+\\
&P_{6}B_{m2}^{2}+P_{7}B_{m2}^{3}+P_{8}B_{m2}^{4}+P_{9}B_{m3}+P_{10}B_{m3}^{2}+\\
&P_{11}B_{m3}^{3}+P_{12}B_{m3}^{4}+P_{13}B_{m1}B_{m2}+P_{14}B_{m1}B_{m2}^{2}+\\
&P_{15}B_{m1}^{2}B_{m2}+P_{16}B_{m1}^{2}B_{m2}^{2}+P_{17}B_{m2}B_{m3}+P_{18}B_{m2}B_{m3}^{2}+\\
&P_{19}B_{m2}^{2}B_{m3}+P_{20}B_{m2}^{2}B_{m3}^{2}+P_{21}B_{m1}B_{m3}+P_{22}B_{m1}B_{m3}^{2}+\\
&P_{23}B_{m1}^{2}B_{m3}+P_{24}B_{m1}^{2}B_{m3}^{2}+P_{25}
\end{aligned}
\tag{3.12}
$$

其中,$P_{1},P_{2},\cdots,P_{22}$ 是待估参数的函数。通常需要考虑三阶非线性系数。考虑比例因子非线性三次项时,则式(3.8)可表示为

$$\begin{cases} a_{11}=(k_{x0}+k_{x1}B_{m1}+k_{x2}B_{m1}^2+k_{x3}B_{m1}^3)\cos\alpha \\ a_{12}=(k_{y0}+k_{y1}B_{m2}+k_{y2}B_{m2}^2+k_{y3}B_{m2}^3)\sin\beta\cos\gamma \\ a_{22}=(k_{y0}+k_{y1}B_{m2}+k_{y2}B_{m2}^2+k_{y3}B_{m2}^3)\cos\beta\cos\gamma \\ a_{31}=(k_{x0}+k_{x1}B_{m1}+k_{x2}B_{m1}^2+k_{x3}B_{m1}^3)\sin\alpha \\ a_{32}=(k_{y0}+k_{y1}B_{m2}+k_{y2}B_{m2}^2+k_{y3}B_{m2}^3)\sin\gamma \\ a_{33}=(k_{z0}+k_{z1}B_{m3}+k_{z2}B_{m3}^2+k_{z3}B_{m3}^3) \end{cases} \tag{3.13}$$

其中，k_{x0}，k_{y0}，k_{z0} 是常数项系数；k_{x1}，k_{y1}，k_{z1} 是一阶非线性系数；k_{x2}，k_{y2}，k_{z2} 是二阶非线性系数；k_{x3}，k_{y3}，k_{z3} 是三阶非线性系数。

当测量一组磁传感器测量值时，通过求解非线性方程组计算磁传感器参数：k_{x0}，k_{y0}，k_{z0}，k_{x1}，k_{y1}，k_{z1}，k_{x2}，k_{y2}，k_{z2}，k_{x3}，k_{y3}，k_{z3}，α，β，γ，E_{r1}，E_{r2}，E_{r3}。由于有 18 个磁传感器参数，至少应测量 18 组数据。估计参数后，三轴磁传感器校正模型可表示为

$$\begin{bmatrix} B_1 \\ B_2 \\ B_3 \end{bmatrix} = \begin{bmatrix} a_{11} & a_{12} & 0 \\ 0 & a_{22} & 0 \\ a_{31} & a_{32} & a_{33} \end{bmatrix} \begin{bmatrix} B_{m1}-E_{r1} \\ B_{m2}-E_{r2} \\ B_{m3}-E_{r3} \end{bmatrix} \tag{3.14}$$

其中，a_{11}，a_{12}，a_{22}，a_{31}，a_{32}，a_{33} 参数表达式见式(3.13)。

3.3.3 非线性一体化校正实验分析

为了对非线性一体化校正方法的校正效果进行验证，需要设计相应实验，采集两组实验数据，对传统校正模型和非线性一体化改进模型的校正效果进行对比分析，从而充分说明非线性一体化校正方法的优势。

1. 实验系统

实验系统如图 3.13 所示，包含一个质子磁传感器(提供磁场总量值)、一个 MAG3300 三轴磁通门传感器、一个无磁性旋转设备(改变三轴磁通门传感器姿态)、一个笔记本电脑(记录并保存测量结果)、数据采集软件(C++Builder 编程)和数据处理软件(MATLAB 7.1 编程)。

MAG3300 磁通门传感器的主要性能指标如下：

(1) 各轴测量范围：±100 000nT；

(2) 分辨率：1nT；

(3) 正交误差：优于±0.5°；

(4) 无磁性屏蔽设备测试的零偏：优于±1000nT。

2. 操作流程

选择磁干扰小的地点进行校正，用质子磁传感器测量磁场总量值。三轴磁通门传感器固定在无磁性旋转设备，在不同姿态下采样数据。采样速率为20Hz，采用对称采样策略获得数据。

3. 校正结果

非线性参数估计结果见表3.11。图3.17显示了传统模型的校正结果，其中数据包含36个测量值。校正后，总量值的均方根误差从1725.1nT降低到198.8nT。图3.18显示了非线性一体化模型的校正结果。图3.18与图3.17相比，校正性能显著提高。非线性一体化校正后，总量值的均方根误差减少到68.2nT，是抑制非线性误差前的34.27%。可知，非线性一体化校正后，总量值的均方根误差是传统方法的1/3。即使误差减少约25倍，校正后仍然有残余误差。这是因为磁滞、温度误差和噪声尚未完全解决。此外，为了进一步提高校正性能，可选择更好的校正环境。

表3.11　磁传感器非线性估计参数

参数	k_{x0}	k_{x1}	k_{x2}	k_{x3}	k_{y0}	k_{y1}
数值	0.9668	-4.9×10^{-9}	-9.8×10^{-14}	4.1×10^{-23}	0.9813	6.9×10^{-9}
参数	k_{y2}	k_{y3}	k_{z0}	k_{z1}	k_{z2}	k_{z3}
数值	4.1×10^{-14}	-1.1×10^{-23}	1.0036	1.5×10^{-9}	4.5×10^{-14}	2.5×10^{-22}
参数	α	β	γ	E_{r1}	E_{r2}	E_{r3}
数值	−0.066 28	−0.017 18	−0.250 09	−1009.3	−799.2	−829.7

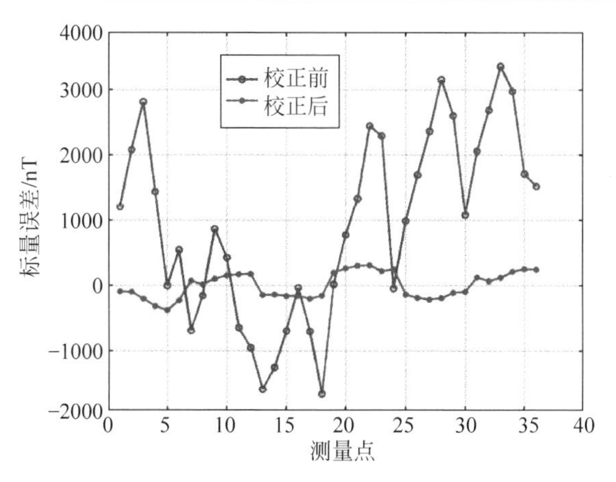

图3.17　传统模型校正结果

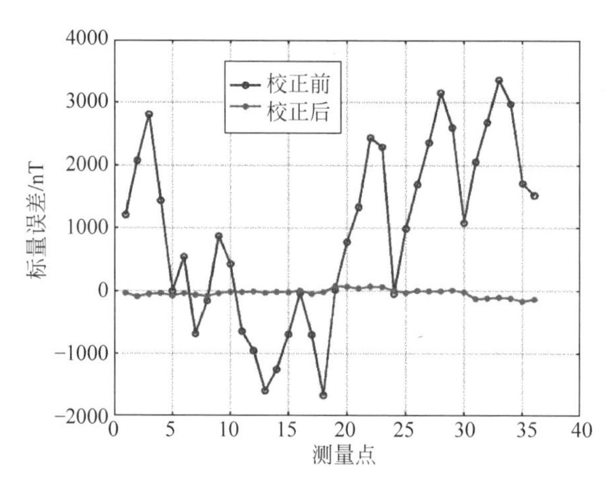

图 3.18 非线性一体化模型校正结果

3.4 基于最小二乘支持向量机的温度误差补偿

由于敏感体、电路、铁芯都受到温度影响，磁通门传感器的温度漂移无法避免。温度敏感性机制复杂，取决于传感器类型，并且温度漂移呈现出明显的非线性，甚至毫无规律，难以用多项式拟合或者查表进行补偿。因此有必要知道磁通门传感器的温度特性，并针对温度漂移进行非线性补偿。

传统温度补偿思路是分别对刻度因子和零偏温度特性进行测试，通过查表或者插值方式，分别补偿刻度因子和零偏温度误差。但是由于难以保证外加激励磁场方向与传感器轴完全一致，微小的角度误差将影响刻度因子的测量精度。基于数学统计思想，提出了基于最小二乘支持向量机的温度补偿方法，降低温度误差。该方法无须严格要求外加激励磁场与传感器轴保持一致，也无须分别测试刻度因子和零偏，使用过程中，仅需知道环境温度与磁场测量值，即可实现快速补偿。

3.4.1 补偿原理

磁通门传感器的温度漂移非线性明显。最小二乘支持向量机(LSSVM)已被证明在非线性拟合中具有良好性能，LSSVM 使用以下最佳的线性回归函数：

$$\boldsymbol{Y}(\boldsymbol{x}) = \boldsymbol{W}^{\mathrm{T}} \Phi(\boldsymbol{x}) + b \tag{3.15}$$

输入值被非线性函数映射到高维空间，$\boldsymbol{W}^{\mathrm{T}}$ 是模型参数向量，b 是模型的偏移量，$\boldsymbol{x}$ 是一个 N 维的输入向量，$\boldsymbol{Y}$ 是 N 维输出向量，N 是输入数据的数量。非线性模型可以描述为

$$Y(x)=\sum_{i=1}^{N}a_iK(x,x_i)+b \tag{3.16}$$

其中，$K(x_i,x_j)=\Phi(x_i)^{\mathrm{T}}\Phi(x_j)$ 是内核函数，通常会选择径向基函数(RBF)。LSSVM 的磁通门传感器温度漂移补偿的过程可以描述如下：

(1) 确定训练数据和测试数据。

(2) 选择下面的径向基函数作为内核函数：

$$K(x,x_i)=\phi(x)\phi(x_i)=\exp\left(-\frac{\|x-x_i\|^2}{2\delta^2}\right) \tag{3.17}$$

其中，δ 是内核带宽。

(3) 训练数据用于实现非线性映射，并获得 LSSVM 非线性模型中的参数。

(4) 测试数据用于验证建立的 LSSVM 模型的补偿性能。

需要研究非线性补偿方法，人工神经网络被广泛用于非线性拟合，但人工神经网络有两个缺点：①训练速度慢；②容易得到一个局部最优解。支持向量机是一种新的机器学习方法，具有良好的非线性估计能力。最小二乘支持向量机(LSSVM)在目标函数增加了误差平方和，提高了估计精度。

3.4.2 温度误差补偿仿真分析

磁传感器测量值受温度影响，本质上是由于电路特性受到影响，传感器参数表现出的是刻度因子和零偏变化，需要进行两种参数温度特性测试，并分别建立其温度补偿模型。另外，这种变化是无规则的，需要研究计算时间短、拟合效果佳的补偿方法。

1. 零漂补偿

当外加磁场为零时，磁通门传感器输出也可能是不规律的，可称为零漂。温度波动也可引起零漂。在仿真中，BP 和 RBF 神经网络及 LSSVM 用于补偿磁通门传感器零漂。补偿结果如图 3.19～图 3.21 所示。假设磁传感器放置于磁屏蔽环境，外界磁场为零，由于零漂问题，传感器仍然不断有输出，输出值大小与采样率有关，输出波动规律与磁传感器电路特性有关，假设采样率为 20Hz，采样时间为 15s，则测量点为 300 个。BP 和 RBF 神经网络的神经元数量设置为 200，估计精度设置为 0.000 02。测量值分别输入 BP 和 RBF

神经网络及 LSSVM,对神经网络和支持向量机进行训练。

图 3.19～图 3.21 中,B_1 表示零漂实际值,B_2 表示零漂估计值,估计误差在图底部显示。可知,LSSVM 估计误差比 BP 和 RBF 神经网络低两个数量级。估计误差细节见表 3.12。可知,表 3.12 中 BP 神经网络的估计结果不同,容易陷入局部最优解。然而,RBF 神经网络和 LSSVM 的估计结果是稳定的。

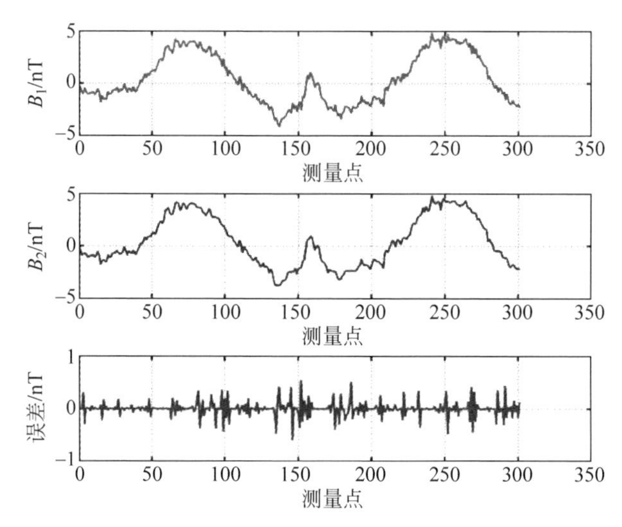

图 3.19　BP 神经网络的零漂补偿结果

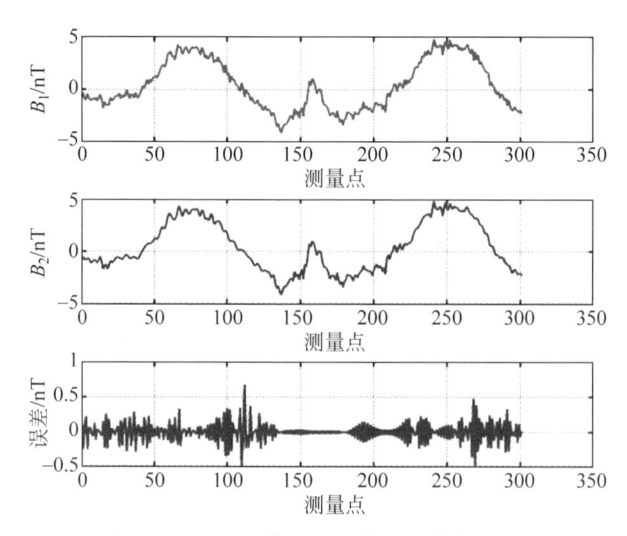

图 3.20　RBF 神经网络的零漂补偿结果

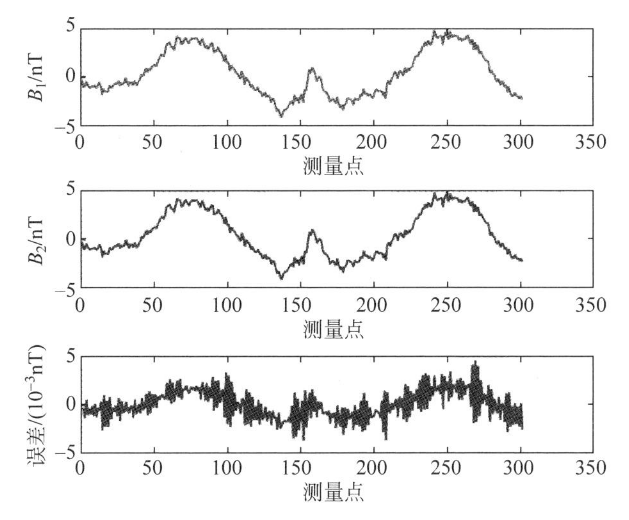

图 3.21　LSSVM 的零漂补偿结果

表 3.12　三种不同方法的零漂估计误差

方法	BP	BP	BP	BP	BP	RBF	LSSVM
最大值	0.9297	0.7530	0.8475	0.8402	0.7431	0.6751	0.0045
最小值	−0.5513	−0.7979	−0.8035	−0.6488	−0.9465	−0.4856	−0.0037

在同一台计算机(DELL OPTIPLEX 330)上,对三种方法的计算时间进行了比较。LSSVM 耗时不到 2s,RBF 神经网络耗时大约 5s,BP 神经网络耗时大约 33s。可知,LSSVM 最省时。可以从三个方面解释:①神经网络的迭代计算耗时。②BP 神经网络需要更多的中间层,所以 BP 神经网络比 RBF 神经网络更耗时。③神经细胞的数量也将影响计算时间。为了保证估计精度,BP 和 RBF 神经网络需使用 200 个神经元,影响计算时间。

值得注意的是,BP 神经网络不仅拟合精度差和耗时多,而且每次训练的结果不一致,这是 BP 神经网络的另一个缺点。因此 BP 神经网络对于无规律、高采样情况下的数据拟合效果较差,不适合零漂误差抑制。

2. 刻度因子漂移补偿

假设磁传感器放置于磁屏蔽环境,外界磁场为零,通过外加激励线圈产生固定已知大小的标准磁场,磁传感器刻度因子测量轴与激励磁场方向保持一致，仿真中激励磁场大小设置为 50 000nT。BP 和 RBF 神经网络的神经元数量设置为 200，估计精度设置为 0.000 02。测量值分别输入 RBF 神经网络和 LSSVM，对神经网络和支持向量机进行训练。

在一定外加磁场下，刻度因子温度特性见表 3.13。可知，刻度因子是温度的减函数。常温(25℃)下的刻度因子认为是真值。LSSVM、RBF 神经网络和三阶多项式拟合方法估计结果见表 3.14。这里不使用 BP 神经网络，因为少量数据很容易陷入局部最优。LSSVM、RBF 神经网络和三阶多项式拟合的误差平方和分别为 1.4040×10^{-19}，2.0516×10^{-9} 和 1.2090×10^{-8}，LSSVM 拟合性能最佳。

表 3.13　刻度因子温度特性

温度/℃	0	5	10	15	20	25	30	35	40
刻度因子	1.0033	1.0023	1.0018	1.0014	1.0008	1.0000	0.9993	0.9981	0.9972

表 3.14　三种不同方法的刻度因子估计误差

方法	0℃	5℃	10℃	15℃	20℃	25℃	30℃	35℃	40℃
LSSVM	-4.9×10^{-10}	4.6×10^{-10}	-5.2×10^{-10}	3.9×10^{-10}	-4.0×10^{-10}	3.4×10^{-11}	-1.6×10^{-10}	0.5×10^{-10}	3.2×10^{-10}
RBF	4.0×10^{-6}	-2.3×10^{-5}	4.8×10^{-5}	-3.5×10^{-5}	-3.1×10^{-5}	8.5×10^{-5}	-7.3×10^{-5}	3.0×10^{-5}	-4.9×10^{-6}
曲线拟合	-1.0×10^{-4}	1.7×10^{-4}	6.6×10^{-5}	-1.2×10^{-4}	-9.1×10^{-5}	4.2×10^{-5}	-4.0×10^{-5}	1.7×10^{-4}	-9.2×10^{-5}

3.4.3　温度误差补偿实验分析

1. 实验系统

设计一个实验系统，测试磁通门传感器温度特性，如图 3.22 所示。该系统由一个 DM 磁通门传感器、无磁温度实验箱、数据采集软件、数据处理和温度建模软件构成。无磁温度实验箱用来控制激励磁场强度和环境温度。数据采集软件为 STL GradMag，这是 STL 公司提供的官方软件。数据处理和温度建模软件由 MATLAB 7.1 编写。根据磁通门传感器说明书，零偏漂移为 0.5nT/℃，刻度因子漂移为 15×10^{-6}/℃。因此，在地磁环境下，由温度变化引起的测量误差可能达到 50nT(0～40℃)。事实上，磁传感器已使用了好几年，其性能比手册中描述的较差。

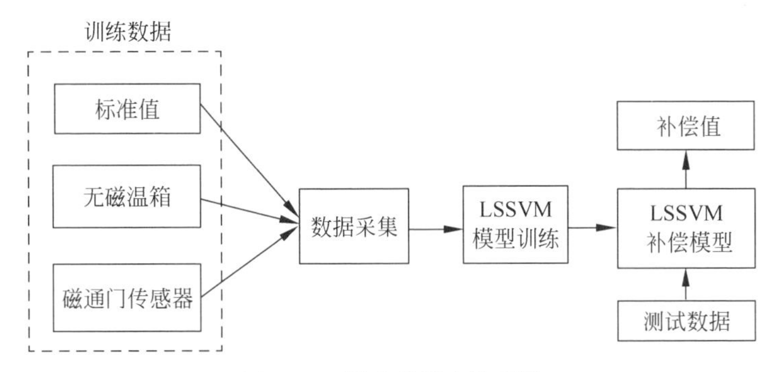

图 3.22　温度补偿实验系统

用无磁温度实验箱测试 DM 磁通门传感器的温度特性，如图 3.23 所示。它主要包括一个加热/制冷系统及温度调节系统和控制系统，加热/制冷系统通过风管与箱体连接，是主要热源，用来调整实验箱内部温度。固态继电器(SSR)作为供热系统的执行机构，可用于连续 PID 调节。实验箱外壳为无磁黄铜材料，磁传感器放在里面。激励线圈用来产生激励磁场。激励磁场强度通过电压控制，调节控制电压后，激励磁场方向保持稳定。实验箱内部温度可控制在$-60\sim150$℃，最大误差为 0.5℃。最大的激励磁场强度可以达到 100μT，有效区域为 400mm×500mm×600mm 的立方体。

图 3.23　无磁性温度实验箱

按照以下步骤，进行磁传感器温度特性测试：

(1) 磁通门传感器放入温度实验箱；

(2) 调整实验箱内部温度为 0℃；

(3) 等待 20min，确保温度稳定，调整实验箱的控制电压，改变磁场强度同时记录磁传感器数据；

(4) 实验箱内部温度增加 5℃；重复步骤(3)和步骤(4)，直到温度达到 40℃。

2. 温度特性测试结果

不同的温度和磁场下，磁传感器测量数据列于表 3.15。由表 3.15 可知，五种不同磁场强度下，磁传感器测量数据变化趋势相同，最大变化达到

200nT(0～40℃)。室温(25℃)下测得的数据被认为是磁场真值，真值分别为18 470.88nT，256 50.33nT，304 20.14nT，375 97.21nT 和 280 36.73nT。因此，最大误差绝对值分别为 110.6nT，108.1nT，109.3nT，108.2nT，122.7nT。

表 3.15 不同温度和磁场下测量绝对值

T/℃	绝对值/nT				
	磁场 1	磁场 2	磁场 3	磁场 4	磁场 5
0	18 555.88	25 745.41	28 141.07	30 528.29	37 719.87
5	18 533.60	25 718.11	28 105.97	30 493.20	37 684.61
10	18 525.91	25 707.24	28 092.92	30 478.46	37 666.00
15	18 513.60	25 695.65	28 081.24	30 467.36	37 651.45
20	18 493.45	25 672.98	28 058.36	30 444.29	37 627.56
25	18 470.88	25 650.33	28 036.73	30 420.14	37 597.21
30	18 442.95	25 622.22	28 007.02	30 391.63	37 570.54
35	18 422.17	25 598.67	27 975.45	30 356.69	37 526.71
40	18 360.30	25 542.21	27 927.45	30 312.30	37 492.87

3. 温度漂移补偿结果

实际测量中，由于难以实现外加磁场与磁传感器轴方向对准，因此难以准确进行刻度因子测量及其温度特性测试，同样，难以剥离刻度因子影响，实现零漂温度特性测试，因此采用室温(25℃)下测得数据作为磁场真值，建立补偿模型。可采用下列方式进行 LSSVM 补偿。磁传感器测量值受温度影响可表示为：$Y=f(X,T),X\in(a,b)$。X 是磁场真值，Y 是磁场测量值；(a,b)表示磁场范围，T 指温度。相反，当测量值和温度已知时，根据 $X_T=f^{-1}(Y,T)$可以计算出磁场补偿值。$f^{-1}(\cdot)$带有两个参数，是温度变化时的非线性函数。虽然难以得到准确非线性补偿函数，但可通过建立数学统计模型，即通过 LSSVM 进行参数辨识。

在整个温度范围内，测量误差如图 3.24 所示。表 3.15 中 45 个测量数据分为两类：训练数据和测试数据。9 个不同温度(0℃，5℃，10℃，15℃，20℃，25℃，30℃，35℃，40℃)和 4 个不同磁场(磁场 1，磁场 2，磁场 4，磁场 5)下测量数据作为训练数据(36 个测量数据)，用来确定 LSSVM 模型参数。磁场 3 下的 9 个测量数据作为测试数据，用来验证补偿效果。图 3.25 显示了 36 个训练数据的估计误差，均小于 0.2nT。

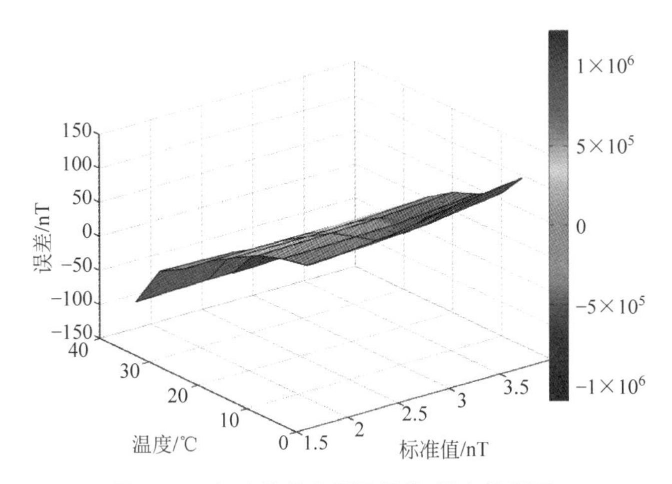

图 3.24 温度补偿前测量误差(见文前彩图)

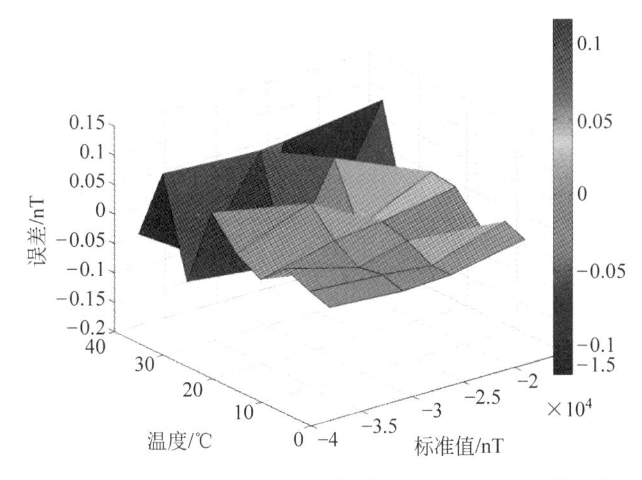

图 3.25 不同温度下的训练数据估计误差(见文前彩图)

然后,经过训练的 LSSVM 模型用于测试数据的温度漂移补偿。表 3.16 列出了测试数据,磁场 3 下 9 个不同温度(0℃,5℃,10℃,15℃,20℃,25℃,30℃,35℃,40℃)测量数据经过补偿后,最大误差从 109.3nT 减少到 3.3nT。在实际运用中,当获取温度和实测数据后,即可用 LSSVM 模型补偿。图 3.26 显示了整个磁场范围内补偿后的温度误差,包含了训练数据和测试数据。比较图 3.26 和图 3.24 可知,温度误差补偿效果明显。在更大磁场和温度范围内获取训练数据时,LSSVM 模型补偿范围更广泛。

表 3.16 测试数据和 LSSVM 模型的补偿数据

温度/℃	0	5	10	15	20	25	30	35	40
测量值/nT	28 141.1	28 106.0	28 092.9	28 081.2	28 058.4	28 037.0	28 007.0	27 975.5	27 927.5
补偿后/nT	28 040.0	28 035.3	28 036.1	28 036.4	28 036.1	28 037.7	28 036.1	28 033.8	28 035.1
真实值/nT	28 036.7	28 036.7	28 036.7	28 036.7	28 036.7	28 036.7	28 036.7	28 036.7	28 036.7
误差/nT	3.3	−1.4	−0.6	−0.3	−0.6	1.0	−0.6	−2.9	−1.6

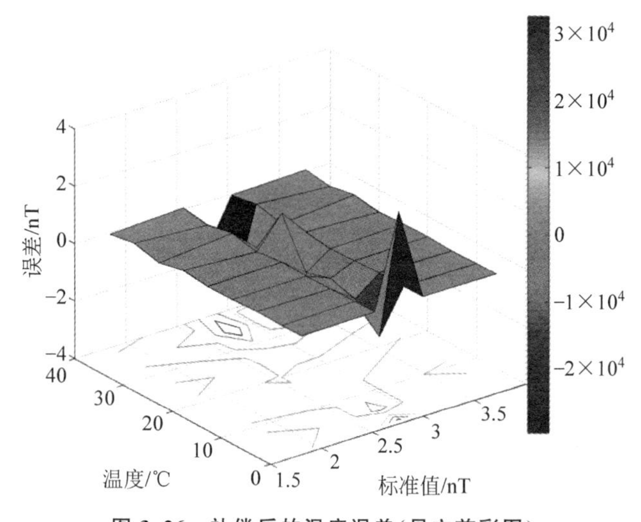

图 3.26 补偿后的温度误差(见文前彩图)

用 LSSVM 建立磁通门传感器的温度漂移补偿模型。通过仿真,对 BP 神经网络、RBF 神经网络、多项式拟合和 LSSVM 在零漂和刻度因子漂移的补偿性能进行比较。结果表明,LSSVM 估计误差比其他方法低几个数量级,而且其训练时间最短。该补偿方法可以扩展到一个更广泛的温度和磁场范围。在实际运用中,当磁通门传感器测量数据和环境温度已知后,即可调用该模型补偿。

第4章　惯导与磁传感器坐标系非对准误差校正

组装过程中，传感器与惯导之间的坐标系不可避免地会存在非对准误差，难以通过机械手段进行消除。惯导坐标系与磁传感器坐标系均不可视，且两者测量不同物理量，因此难以直接进行坐标系对准。本章利用磁场/重力投影不变原理，通过建立中间坐标系，从而间接实现非对准误差校正，解决了地磁矢量测量系统坐标系难以传递的难题。

4.1　基于磁场/重力在固定坐标系投影不变原理校正法

地磁矢量测量系统由磁传感器和惯导捷联构成，磁传感器用来测量磁传感器坐标系的磁场分量，惯导为磁传感器提供各种姿态信息：航向角、俯仰角、横滚角。通过换算可得到地理坐标系中的磁场矢量的三个分量，并进一步计算出其他地磁要素，其中惯导包含组装好的三轴陀螺和三轴加速度计。地磁矢量测量系统在安装过程中不可避免地会存在一些误差，其中，磁传感器测量轴与惯导测量轴之间的坐标系误差称为“非对准误差”。“非对准误差”成为影响地磁要素测量精度的重要因素，通过机械对准方法难以解决非对准问题。在地磁环境下，1°的非对准误差可引起几百 nT 的矢量测量误差。因此研究非对准误差校正技术对提高地磁矢量测量系统精度具有重要意义。

4.1.1　校正原理

惯导与磁传感器测量不同物理量，且坐标系不可视，难以直接建立坐标关系，需要通过间接坐标系进行对准。采用基于直角台和正六面箱体(图 4.1)的校正方法，分别校正出磁传感器与正六面体和惯导与正六面体之间的角度关系，实现坐标系关系的校正，其校正系统如图 4.1 所示。具体实现步骤如下：

(1) 对惯导进行校正，利用三轴电动转台将其校正为正交坐标系。

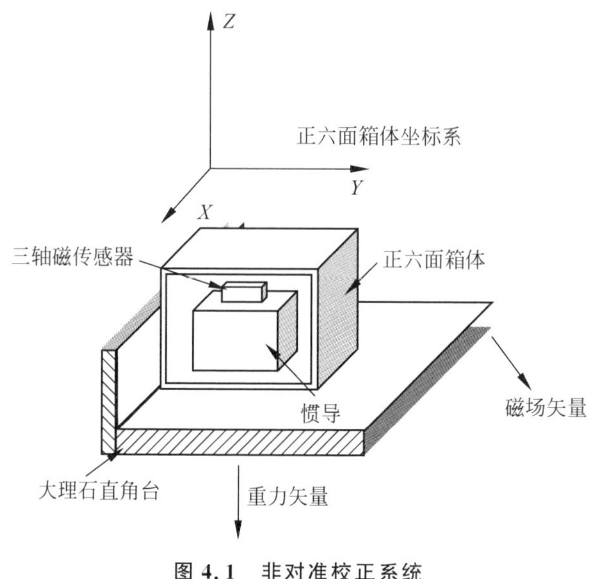

图 4.1 非对准校正系统

(2) 对三轴磁传感器进行校正,利用模校正方法将其校正为正交坐标系。

(3) 将两者捷联安装,并安装于正六面箱体内,将正六面箱体放置于直角台上,将该无磁正六面体的两个面贴紧直角型台面的两个垂直面;建立无磁正六面体的正六面体坐标系;在初始位置时,无磁正六面体的正六面体坐标系与直角型台面的基准坐标系一致。

(4) 将直角台和正六面箱体放置于磁场均匀区,通过多次翻转无磁正六面体,令翻转后的无磁正六面体仍然紧靠直角型台面;利用空间磁场矢量和重力矢量在基准坐标系中投影不变的原理,得到翻转过程中正六面体坐标系的磁场投影与基准坐标系的磁场投影之间的解析表达式。根据磁场矢量不变性标出正六面箱体与三轴磁传感器的安装关系。

(5) 利用重力矢量不变性和多次翻转过程中加速度计的多组测量值,通过多个非线性方程联立求解,分别计算出加速度计的非对准误差,标出正六面箱体与惯导的安装关系。

(6) 根据前面两步给出的安装关系,确定三轴磁传感器与惯导的坐标关系。

初始位置时,磁传感器和正六面体的坐标关系如下:

$$
\begin{bmatrix} B_{m1} \\ B_{m2} \\ B_{m3} \end{bmatrix} =
\begin{bmatrix}
\cos\theta\cos\Psi & -\cos\phi\sin\Psi + \sin\phi\sin\theta\sin\Psi & \sin\phi\sin\Psi + \cos\phi\sin\theta\cos\Psi \\
\cos\theta\sin\Psi & \cos\phi\cos\Psi + \sin\phi\sin\theta\sin\Psi & -\sin\phi\cos\Psi + \cos\phi\sin\theta\sin\Psi \\
-\sin\theta & \sin\phi\cos\theta & \cos\phi\cos\theta
\end{bmatrix}
\begin{bmatrix} T_X \\ T_Y \\ T_Z \end{bmatrix}
\tag{4.1}
$$

其中，B_{m1}，B_{m2}，B_{m3} 分别是磁传感器正交坐标系三个轴的测量值；T_X，T_Y，T_Z 分别是磁场矢量在直角型台面基准坐标系中的投影；θ，ϕ，Ψ 分别是磁传感器到正六面体坐标系的非对准误差角。加速度计与正六面体的坐标关系如下：

$$
\begin{bmatrix} g_x \\ g_y \\ g_z \end{bmatrix} =
\begin{bmatrix}
\cos\theta'\cos\Psi' & -\cos\phi'\sin\Psi' + \sin\phi'\sin\theta'\sin\Psi' & \sin\phi'\sin\Psi' + \cos\phi'\sin\theta'\cos\Psi' \\
\cos\theta'\sin\Psi' & \cos\phi'\cos\Psi' + \sin\phi'\sin\theta'\sin\Psi' & -\sin\phi'\cos\Psi' + \cos\phi'\sin\theta'\sin\Psi' \\
-\sin\theta' & \sin\phi'\cos\theta' & \cos\phi'\cos\theta'
\end{bmatrix}
\begin{bmatrix} P_X \\ P_Y \\ P_Z \end{bmatrix}
\tag{4.2}
$$

其中，g_x，g_y，g_z 分别是加速度计正交坐标系三个轴的测量值；P_X，P_Y，P_Z 分别是重力矢量在正六面体中的投影；θ'，ϕ'，Ψ' 分别为加速度计到正六面体坐标系的非对准误差角。对磁传感器的测量值进行非对准误差校正如式(4.3)：

$$
\begin{bmatrix} I_x \\ I_y \\ I_z \end{bmatrix} =
\begin{bmatrix}
\cos\theta'\cos\Psi' & -\cos\phi'\sin\Psi' + \sin\phi'\sin\theta'\sin\Psi' & \sin\phi'\sin\Psi' + \cos\phi'\sin\theta'\cos\Psi' \\
\cos\theta'\sin\Psi' & \cos\phi'\cos\Psi' + \sin\phi'\sin\theta'\sin\Psi' & -\sin\phi'\cos\Psi' + \cos\phi'\sin\theta'\sin\Psi' \\
-\sin\theta' & \sin\phi'\cos\theta' & \cos\phi'\cos\theta'
\end{bmatrix} \times
\begin{bmatrix}
\cos\theta\cos\Psi & -\cos\phi\sin\Psi + \sin\phi\sin\theta\sin\Psi & \sin\phi\sin\Psi + \cos\phi\sin\theta\cos\Psi \\
\cos\theta\sin\Psi & \cos\phi\cos\Psi + \sin\phi\sin\theta\sin\Psi & -\sin\phi\cos\Psi + \cos\phi\sin\theta\sin\Psi \\
-\sin\theta & \sin\phi\cos\theta & \cos\phi\cos\theta
\end{bmatrix}^{-1}
\begin{bmatrix} B_{m1} \\ B_{m2} \\ B_{m3} \end{bmatrix}
\tag{4.3}
$$

式(4.3)可以表示为

$$\boldsymbol{I}=\boldsymbol{Q}_g(\boldsymbol{Q}_m)^{-1}\boldsymbol{B}_m \tag{4.4}$$

当惯导为磁传感器提供姿态时，可计算地磁矢量：

$$\boldsymbol{I}=\boldsymbol{Q}_I\boldsymbol{Q}_g(\boldsymbol{Q}_m)^{-1}\boldsymbol{B}_m \tag{4.5}$$

其中，$\boldsymbol{Q}_I$是惯导提供的姿态矩阵。

4.1.2 固定坐标系投影不变原理校正法实验分析

实验系统包含DM-050三轴磁通门传感器（测量地磁场）、包含90型激光陀螺（测量磁传感器相对于地理坐标系的姿态）和加速度计（测量重力）的INS、铝制六面体（固定仪器，并用于非对准校正）、铝制直角台（提供基准坐标系）、GPS（测量经度、纬度和海拔）、笔记本电脑（记录和保存测量结果）、数据采集软件和处理软件。根据惯导系统手册，激光陀螺零漂优于0.003(°)/h；角度测量分辨率是10^{-4}°；加速度计分辨率为$10^{-6}g$。

为了保证校正精度，严格要求铝制正六面体和直角台的平整度和垂直度（图4.2）。六面体底面长度与宽度分别是420mm和255mm，底面和侧面厚度分别是30mm和15mm。直角台底面为500mm×440mm×35mm，侧面高度是200mm。直角台固定于混凝土平台中，以保证操作中基准坐标系的稳定性。地磁矢量测量系统按照不同姿态进行翻转，实现DM-050磁传感器与INS之间的非对准角校正。

图4.2 矢量测量系统非对准实验系统

在非对准角校正前，需要对惯导和磁传感器分别进行校正，校正后两者坐标系均认为是正交的。在非对准校正过程中，为了避免惯导干扰影响，获取最好的校正效果，分两步进行非对准校正操作：首先，磁传感器安装于正六面体，进行翻转，计算磁传感器与正六面体之间的非对准角；然后，安装惯导，进行翻转，计算惯导与正六面体之间的非对准角。矢量系统装配过程中，安装磁传感器后，即可进行非对准校正。另外，分步操作可单独分析非对准对地磁矢量测量的影响。惯导干扰影响及补偿，将在第5章进行介绍。

DM-050磁传感器探头是圆柱形的，因此更难通过机械办法解决与INS之间的非对准问题。分为两种情况进行非对准估计和校正：①平放磁传感器。②磁传感器放置于一小斜块上（倾斜约为6.5°）。第一种情况下，磁传感器的非对准角估计值见表4.1，磁传感器非对准角估计值用于磁传感器测量分量校正，理论上，当磁传感器坐标系与正六面体坐标系一致时，在整个翻转过程中，传感器测量值与磁场在正六面体的投影值应该一致（计算非对准角时，同时估计出投影值）。由图4.3～图4.5可知，采用非对准角校正后，磁传感器输出分量值更接近磁场在正六面体的投影，说明估计角度有效。

表4.1　平放磁传感器的非对准估计值（直角台法）

角参数	ψ/(°)	θ/(°)	ϕ/(°)	Ψ'/(°)	θ'/(°)	ϕ'/(°)
非对准角	0.811	0.413	−0.801	0.015	0.036	−0.092

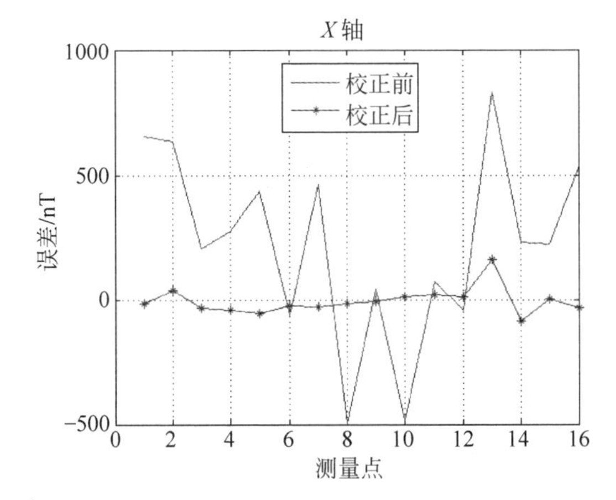

图4.3　磁传感器平放时 X 轴磁场测量值误差

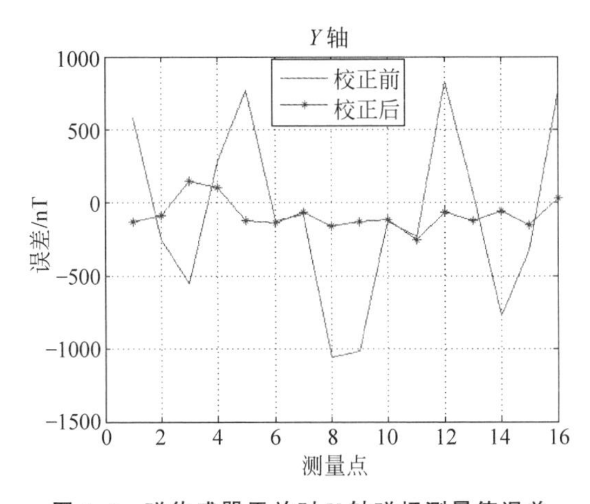

图4.4　磁传感器平放时 Y 轴磁场测量值误差

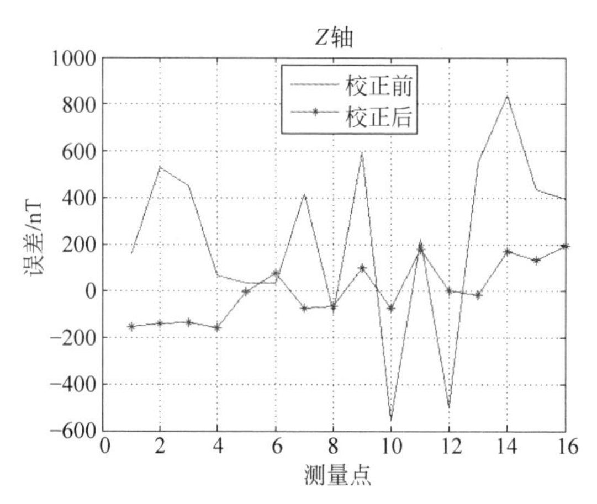

图 4.5 磁传感器平放时 Z 轴磁场测量值误差

第二种情况下，在斜块上放磁传感器时，磁传感器和惯导的非对准角估计值见表 4.2，由表 4.1 和表 4.2 可知，在两次操作过程中，惯导的非对准角度估计比较一致，说明两次操作较为可靠。

表 4.2 安装斜块时的非对准估计值（直角台法）

角参数	$\psi/(°)$	$\theta/(°)$	$\phi/(°)$	$\Psi'/(°)$	$\theta'/(°)$	$\phi'/(°)$
非对准角	0.415	6.421	−0.148	0.015	0.036	−0.093

两个原因可说明非对准估计的有效性：①磁传感器安装斜块约为 6.5°，由表 4.2 可知，斜块倾斜度估计值为 6.421°。②校正后磁传感器测量的分量误差明显降低。如果磁传感器坐标系与正六面体坐标系不一致，则测量的分量值与磁场在正六面体之间的投影有差距。如图 4.6 和图 4.7 所示，校正前投影不一致性误差达到四五千 nT，用估计的角度误差校正后，分量误差降低到 200nT 左右。

同理，当惯导与正六面体安装坐标系一致时，翻转过程中加速度计测量值与重力在正六面体的投影应该一致。加速度计测量值误差如图 4.8～图 4.10 所示，加速度计测量与重力在正六面体的投影存在差异，误差达到 0.02g，经过非对准校正后，测量值更接近真实重力投影值。

通过 GPS 测量的经度和纬度分别为 113.039°和 28.2678°，长沙海拔高度为 80m。利用国际参考地磁场（IGRF）可以计算出地磁场矢量，该值作为真值，评估测量准确度。IGRF 计算的北向、天向和东向矢量分别为 35 218nT，−330 62nT 和 −2105nT。磁倾角和磁偏角分别为 43.14°和 −3.42°。

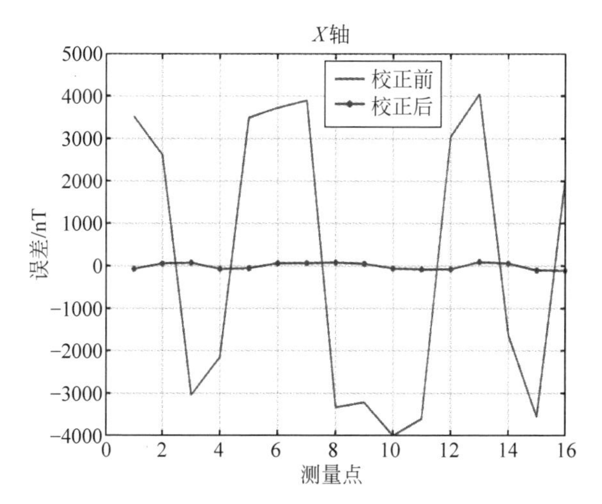

图 4.6　安装斜块时 X 轴磁场测量值误差

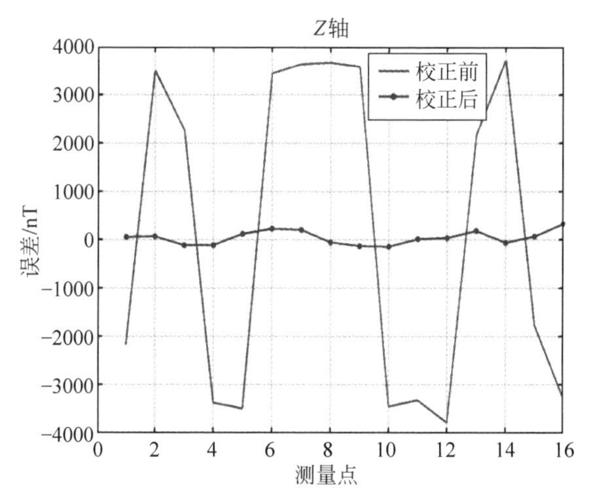

图 4.7　安装斜块时 Z 轴磁场测量值误差

进行三维地磁场矢量测量，数据处理流程参见第 6 章，图 4.11～图 4.13 显示了地磁场矢量的测量误差。非对准校正后，测量精度大大提高，北向、垂向和东向均方根误差从 2618.3nT，2712.2nT，2935.8nT 减少到 97.97nT，169.79nT，129.99nT。此外，根据测量的地磁场矢量，可计算磁倾角和磁偏角。校正后，磁倾角和磁偏角的均方根误差从 4.38°和 4.94°分别减少到 0.18°和 0.21°。在安装过程中，即使花大量时间调整磁传感器和 INS，也无法消除非对准误差。经过仔细调整，非对准角仍为 0.811°，0.413°，−0.801°。INS 的非对准角度分别为 0.0146°，0.0360°，−0.0926°。测量误差仍然达到几百 nT。

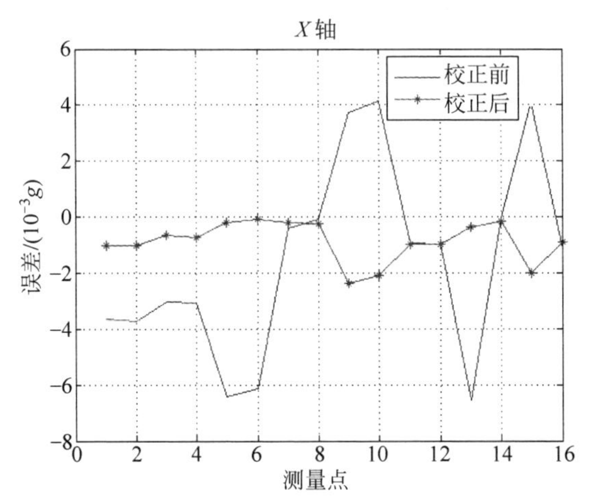

图 4.8　安装斜块时 X 轴重力测量值误差

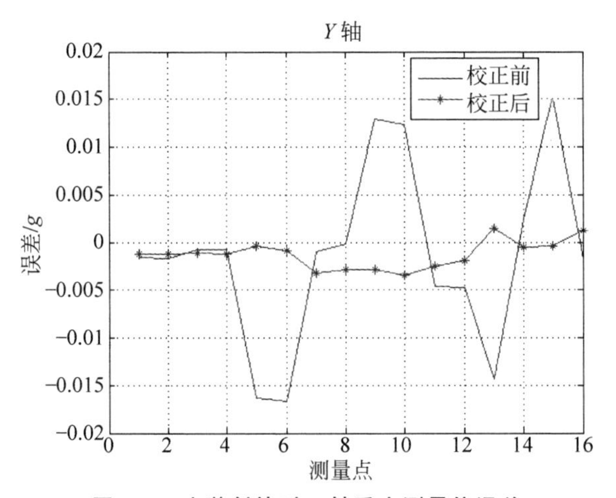

图 4.9　安装斜块时 Y 轴重力测量值误差

校正后，北向、垂向和东向均方根误差分别从 343.6nT，377.1nT，622.1nT 减少到 83.1nT，86.6nT，151.7nT(磁传感器已校正)。因此，该方法能有效校正磁传感器和 INS 之间的非对准，且该方法能有效校正不同安装情况下的非对准误差。采用该方法，无须仔细调整磁传感器和惯导安装姿态。

本方法的优点在于：

(1) 整个校正设备简单，只需要一个大理石直角台和正六面体，即可计算非对准角。

(2) 整个校正过程操作简单，只需要在稳定磁场环境下，把正六面体在固定好的大理石直角台上进行简单的几次翻转，降低了实验难度。不需要

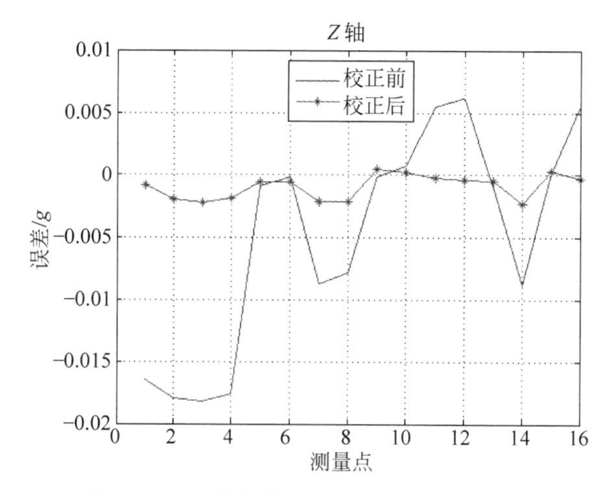

图 4.10　安装斜块时 Z 轴重力测量值误差

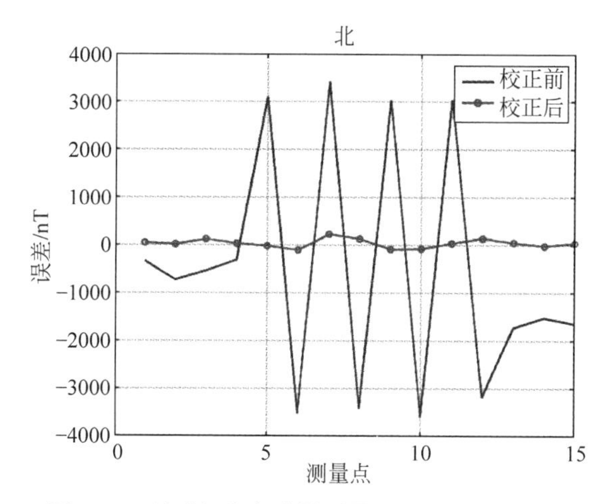

图 4.11　地磁场北向分量测量误差(非对准影响)

对系统的姿态进行精确控制,大理石直角台放置姿态无须严格要求,也避免了使用转台转动时的机械振动和滑动。

(3) 对空间磁场的方向和大小没有严格要求,因为磁场方向和大小信息难以获取,甚至需要借助专业的地磁台站,因此大大降低了实验信息量要求。把大理石直角台的磁场和重力投影设为未知数,并建立了翻转过程中正六面体坐标系与大理石直角台坐标系的解析表达式,通过多次测量值求解方程组,从而计算出大理石直角台的磁场和重力投影。无须知道当地地理坐标系的磁场信息(地磁分量、磁偏角、磁倾角),也无须知道转台某个轴

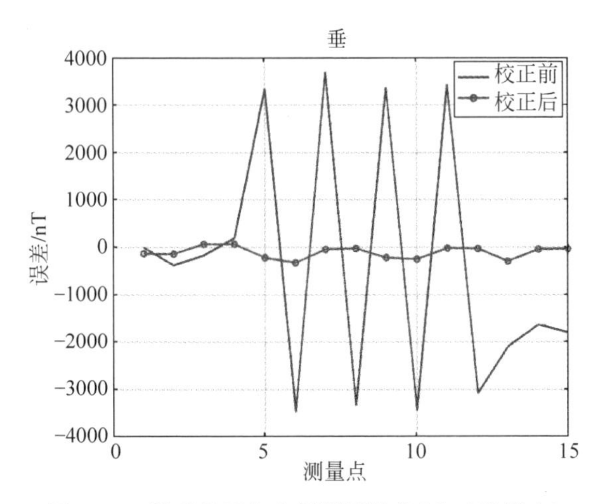

图 4.12 地磁场垂向分量测量误差(非对准影响)

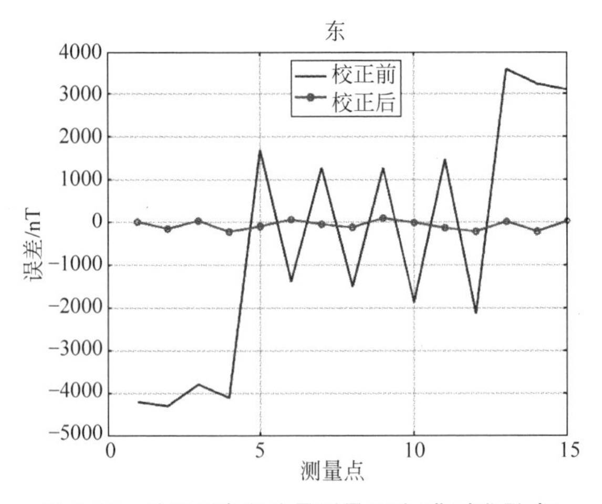

图 4.13 地磁场东向分量测量误差(非对准影响)

上的磁场信息。

(4) 可以分别计算磁传感器和加速度计到正六面体坐标系之间的非对准误差。对磁传感器的非对准校正无须引入加速度计的姿态信息，也无须知道 GPS 提供的姿态信息。

4.2 基于磁场/重力在平面垂向投影不变原理校正法

基于正六面体与直角台的非对准校正，是利用磁场和重力在直角台坐标系投影分量不变原理，分别计算磁传感器与惯导到正六面体坐标系非对准角，从而间接计算磁传感器与惯导之间的非对准角。本节提出第二种方案：利用磁场和重力在平面垂向上投影不变原理，间接计算惯导与磁传感器之间的非对准角。

4.2.1　校正原理

野外稳定地磁环境下，把组装好的矢量系统固定在正六面体内（磁传感器和惯导已校正），一同放置在无磁平台上。无磁平台坐标系为 x,y,z，地磁场在无磁平台坐标系投影为 H^x,H^y,H^z，磁传感器测量值为 H_{mag}^x，H_{mag}^y,H_{mag}^z。安装时，矢量系统与无磁平台坐标系尽量保持一致。两者关系如下：

$$\begin{bmatrix} H^x \\ H^y \\ H^z \end{bmatrix} = \begin{bmatrix} a_{11} & a_{12} & a_{13} \\ a_{21} & a_{22} & a_{23} \\ a_{31} & a_{32} & a_{33} \end{bmatrix} \begin{bmatrix} H_{mag}^x \\ H_{mag}^y \\ H_{mag}^z \end{bmatrix} \tag{4.6}$$

式(4.6)可转化为

$$\begin{cases} H^x = H_{mag}^x a_{11} + H_{mag}^y a_{12} + H_{mag}^z a_{13} \\ H^y = H_{mag}^x a_{21} + H_{mag}^y a_{22} + H_{mag}^z a_{23} \\ H^z = H_{mag}^x a_{31} + H_{mag}^y a_{32} + H_{mag}^z a_{33} \end{cases} \tag{4.7}$$

$$\begin{cases} a_{11} = \cos\theta\cos\Psi \\ a_{12} = -\cos\phi\sin\Psi + \sin\phi\sin\theta\sin\Psi \\ a_{13} = \sin\phi\sin\Psi + \cos\phi\sin\theta\cos\Psi \\ a_{21} = \cos\theta\sin\Psi \\ a_{22} = \cos\phi\cos\Psi + \sin\phi\sin\theta\sin\Psi \\ a_{23} = -\sin\phi\cos\Psi + \cos\phi\sin\theta\sin\Psi \\ a_{31} = -\sin\theta \\ a_{32} = \sin\phi\cos\theta \\ a_{33} = \cos\phi\cos\theta \end{cases} \tag{4.8}$$

其中，Ψ,θ,ϕ 是磁传感器与正六面体固定坐标系之间的非对准角。正六面体 X 轴与平台面垂直，绕正六面体 X 轴旋转，地磁场在正六面体 X 轴投影 H^x 不变。转动过程中，磁传感器 X 轴输出 H_{mag}^x 与正六面体 X 轴的地磁

场投影 H^x 关系如下：

$$H^x = H_{\text{mag}}^x a_{11} + H_{\text{mag}}^y a_{12} + H_{\text{mag}}^z a_{13} \tag{4.9}$$

如果角度误差为零，则 $a_{11}=1, a_{21}=0, a_{31}=0$，则 $H^x = H_{\text{mag}}^x$。转动过程中，有 N_1 个测量值。可建立以下方程组：

$$\begin{cases} H^x = H_{\text{mag}}^{xx1} a_{11} + H_{\text{mag}}^{xy1} a_{12} + H_{\text{mag}}^{xz1} a_{13} \\ H^x = H_{\text{mag}}^{xx2} a_{11} + H_{\text{mag}}^{xy2} a_{12} + H_{\text{mag}}^{xz2} a_{13} \\ \quad\vdots \\ H^x = H_{\text{mag}}^{xxN_1} a_{11} + H_{\text{mag}}^{xyN_1} a_{12} + H_{\text{mag}}^{xzN_1} a_{13} \end{cases} \tag{4.10}$$

可知，绕转台 X 轴转动，仅能计算出 $\alpha_{\text{mag}}, \beta_{\text{mag}}$，无法计算 γ_{mag}。故需翻转一次正六面体，使正六面体 Z 轴与平台面垂直，绕正六面体 Z 轴旋转。在转动过程中，磁传感器 Z 轴输出 H_{mag}^z 与正六面体 Z 轴的地磁场投影 H^z 关系如下：

$$H^z = H_{\text{mag}}^x a_{31} + H_{\text{mag}}^y a_{32} + H_{\text{mag}}^z a_{33} \tag{4.11}$$

转动过程中，有 N_2 个测量值。可建立以下方程组：

$$\begin{cases} H^z = H_{\text{mag}}^{zx1} a_{31} + H_{\text{mag}}^{zy1} a_{32} + H_{\text{mag}}^{zz1} a_{33} \\ H^z = H_{\text{mag}}^{zx2} a_{31} + H_{\text{mag}}^{zy2} a_{32} + H_{\text{mag}}^{zz2} a_{33} \\ \quad\vdots \\ H^z = H_{\text{mag}}^{zxN_2} a_{31} + H_{\text{mag}}^{zyN_2} a_{32} + H_{\text{mag}}^{zzN_2} a_{33} \end{cases} \tag{4.12}$$

通过式(4.12)计算出 γ_{mag}。为了保证估计参数更具代表性，再翻转一次正六面体，正六面体 Y 轴与平台面垂直，绕正六面体 Y 轴旋转。在转动过程中，磁传感器 Y 轴输出 H_{mag}^y 与正六面体 Y 轴的地磁场投影 H^Y 关系如下：

$$H^y = H_{\text{mag}}^x a_{21} + H_{\text{mag}}^y a_{22} + H_{\text{mag}}^z a_{23} \tag{4.13}$$

转动过程中，有 N_3 个测量值。可建立以下方程组：

$$\begin{cases} H^y = H_{\text{mag}}^{yx1} a_{21} + H_{\text{mag}}^{yy1} a_{22} + H_{\text{mag}}^{yz1} a_{23} \\ H^y = H_{\text{mag}}^{yx2} a_{21} + H_{\text{mag}}^{yy2} a_{22} + H_{\text{mag}}^{yz2} a_{23} \\ \quad\vdots \\ H^y = H_{\text{mag}}^{yxN_3} a_{21} + H_{\text{mag}}^{yyN_3} a_{22} + H_{\text{mag}}^{yzN_3} a_{23} \end{cases} \tag{4.14}$$

为了满足参数估计准确度，各轴转动数据均使用，绕 X 轴、Y 轴和 Z 轴转动数据同时联立求解。由于地磁场在平面垂向的投影未知，采用转动过程中转动轴测量平均值作为投影真值。

同样，加速度计测量值 g_m^x, g_m^y, g_m^z 与重力在无磁平台固定坐标系的投影 g^x, g^y, g^z 关系为

$$\begin{bmatrix} g^x \\ g^y \\ g^z \end{bmatrix} = \begin{bmatrix} b_{11} & b_{12} & b_{13} \\ b_{21} & b_{22} & b_{23} \\ b_{31} & b_{32} & b_{33} \end{bmatrix} \begin{bmatrix} g_m^x \\ g_m^y \\ g_m^z \end{bmatrix} \tag{4.15}$$

对于惯导与无磁平台固定坐标系非对准角，计算过程和实验操作完全一样。转动无磁平台，记录加速度计的输出值。绕 X 轴转动过程中，由于加速度计坐标系与转台坐标系之间存在夹角误差，因此重力矢量与加速度计坐标 X 轴之间角度不断变化，加速度计 X 轴输出不断波动。转动过程中，加速度计 X 轴输出 g_m^x 与正六面体 X 轴的重力投影 g^x 关系如下：

$$g^x = g_m^x b_{11} + g_m^y b_{12} + g_m^z b_{13} \tag{4.16}$$

其中，

$$\begin{cases} b_{11} = \cos\theta' \cos\Psi' \\ b_{12} = -\cos\phi' \sin\Psi' + \sin\phi' \sin\theta' \sin\Psi' \\ b_{13} = \sin\phi' \sin\Psi' + \cos\phi' \sin\theta' \cos\Psi' \end{cases} \tag{4.17}$$

其中，Ψ', θ', ϕ' 是磁传感器与无磁平台固定坐标系之间的非对准角。转动过程中，有 N_4 个测量值。建立以下关系式：

$$\begin{cases} g^x = g_m^{xx1} b_{11} + g_m^{xy1} b_{12} + g_m^{xz1} b_{13} \\ g^x = g_m^{xx2} b_{11} + g_m^{xy2} b_{12} + g_m^{xz2} b_{13} \\ \quad\vdots \\ g^x = g_m^{xxN_4} b_{11} + g_m^{xyN_4} b_{12} + g_m^{xzN_4} b_{13} \end{cases} \tag{4.18}$$

与磁传感器类似，当加速度计绕 Y 轴和 Z 轴转动时，建立加速度计测量值与投影值关系式，通过联立求解计算 $\alpha_{\rm acc}, \beta_{\rm acc}, \gamma_{\rm acc}$。计算 $\alpha_{\rm mag}, \beta_{\rm mag}, \gamma_{\rm mag}$ 和 $\alpha_{\rm acc}, \beta_{\rm acc}, \gamma_{\rm acc}$ 后，根据式(4.3)，可校正惯导与磁传感器之间的非对准角。

4.2.2 平面垂向投影不变原理校正法实验分析

惯导和磁传感器放置于一个平板上，以平板建立的坐标系作为基准坐标系。正六面体分别绕 X, Y, Z 轴转动，转动示意图如图 4.14 所示。三个轴转动数据均用于非对准角估计，可分别获取磁传感器到正六面体与惯导到正六面体的非对准角。非对准估计结果见表 4.3，比较表 4.1 与表 4.3 可知，两种

方法估计的非对准角一致。绕 X 轴的磁传感器测量数据校正结果如图 4.15 所示，根据输出波动值评估校正效果，校正后波动值从 1033.19nT 降低到 28.93nT。同理，绕 Y 轴和 Z 轴的波动值分别从 1174.3nT 和 1077.3nT 降低到 147.6nT 和 190.8nT。说明该方法能有效降低绕轴波动值，即实现了非对准校正。惯导 X 轴非对准校正结果如图 4.16 所示，Y，Z 轴校正效果类似。校正后，X，Y，Z 轴波动分别从 $4.4\times10^{-4}g$，$1.17\times10^{-3}g$，$8.9\times10^{-4}g$ 降低到 $9.02\times10^{-5}g$，$2.76\times10^{-4}g$，$1.96\times10^{-4}g$。

表 4.3 平放磁传感器的非对准估计值(绕轴法)

角参数	ψ/(°)	θ/(°)	ϕ/(°)	Ψ'/(°)	θ'/(°)	ϕ'/(°)
非对准角	0.7239	0.4217	−0.5642	0.006 32	0.0386	−0.0831

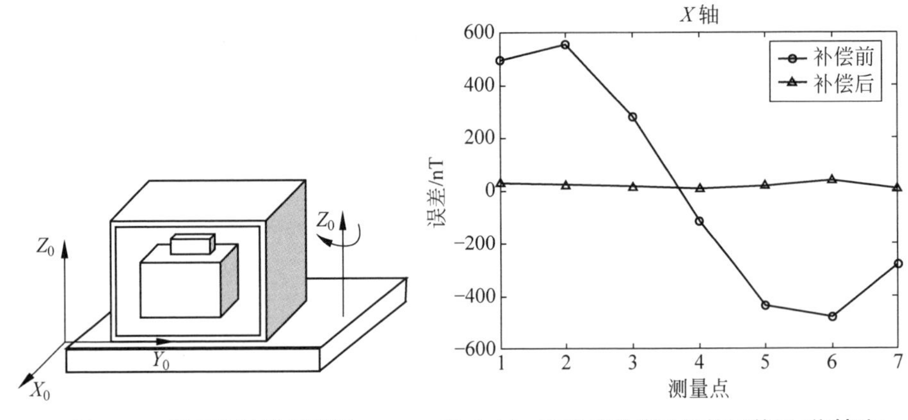

图 4.14 绕平面转动示意图 **图 4.15 磁传感器非对准校正效果(绕轴法)**

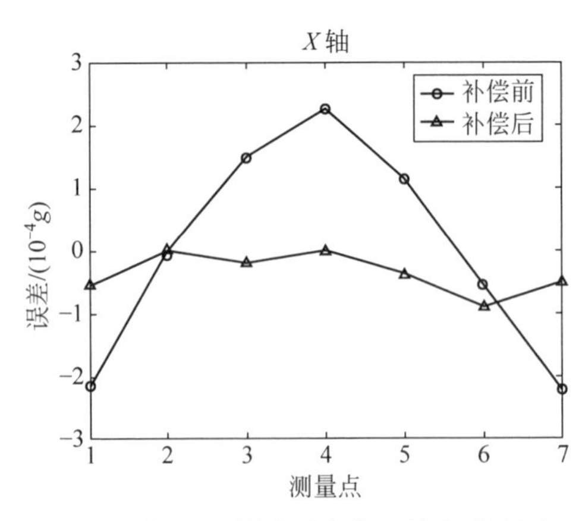

图 4.16 惯导 X 轴非对准校正效果(绕轴法)

如果磁传感器 X 轴与无磁平台固定坐标系 X 轴一致，则旋转过程中，磁传感器 X 轴输出值不变。由于磁传感器与无磁平台固定坐标系之间有角度误差，在旋转过程中，磁传感器 X 轴与地磁场矢量之间的角度不断变化，磁传感器 X 轴输出会有一定波动，这个波动与误差角及无磁平台初始放置姿态有关，这两个因数都影响磁传感器与地磁矢量间的夹角。无磁平台放置好后，波动大小与误差角成正比。如果不存在误差角，无论无磁平台初始如何放置，转动过程波动为零；如果误差角得到完全校正，则转动过程波动为零，从这个意义讲，无磁平台不要求完全水平放置。实际上，误差角不可能完全被校正，则校正后仍存在波动残差。校正前，无磁平台 X 轴越接近地磁矢量方向，则波动越小，但并不是转台与地理坐标系放置一致时最好。在实验过程中，如果存在误差角，即使无磁平台固定坐标系与地理坐标系完全重合，也会引起波动。利用均方差最小原则，进行磁传感器与无磁平台角度误差估计。

采用绕轴法进行非对准校正，北、天、东方向测量误差如图 4.17～图 4.19 所示。各轴转动中约 45°测量一次，转动一周测量数据点为 8 个。校正后，RMS 误差分别从 367.5nT，422.3nT，548.4nT 降低到 41.5nT，92.2nT，141.4nT。另外，对绕轴个数影响进行分析，仅绕 X 轴、Z 轴两个轴转动数据计算的非对准角见表 4.4，地磁矢量校正结果见表 4.5。

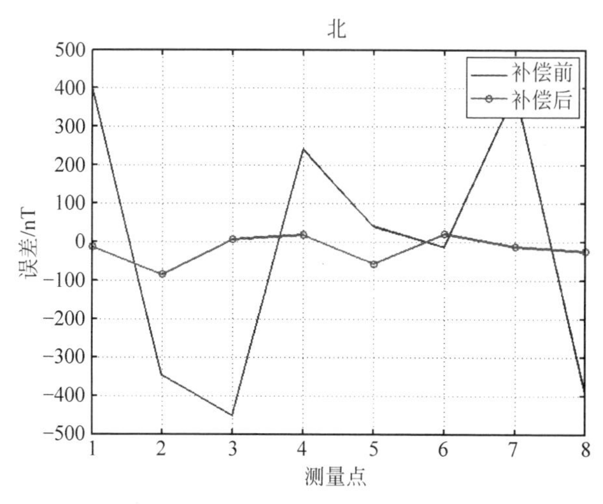

图 4.17　地磁场北向分量测量误差(绕轴法)

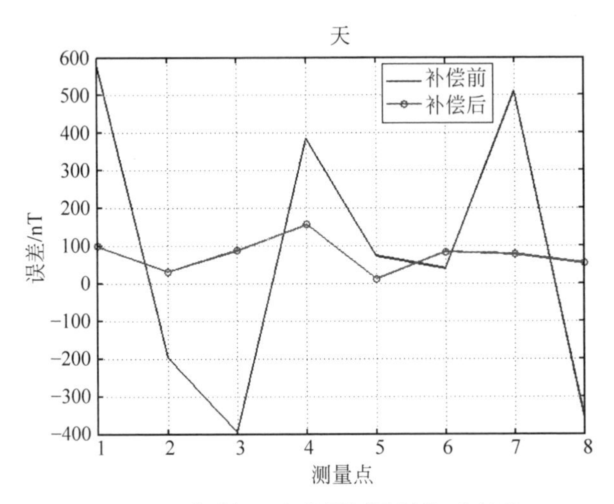

图 4.18 地磁场天向分量测量误差(绕轴法)

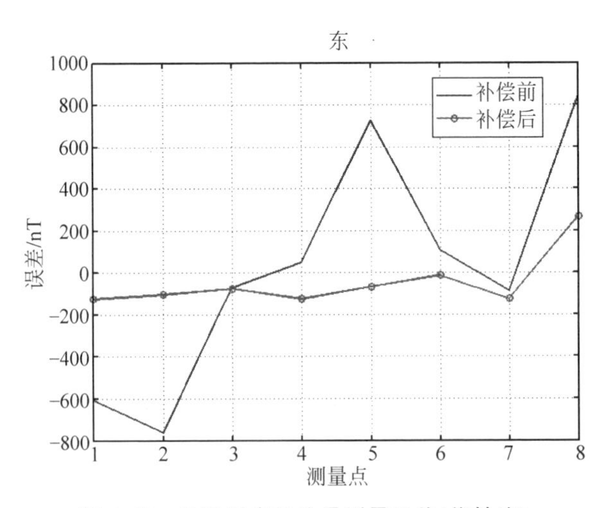

图 4.19 地磁场东向分量测量误差(绕轴法)

表 4.4 非对准角参数估计结果

参 数	ψ/(°)	θ/(°)	ϕ/(°)	Ψ'/(°)	θ'/(°)	ϕ'/(°)
绕三轴转动估计值	0.7239	0.4217	−0.5642	0.0063	0.0386	−0.0831
绕两轴转动估计差异	0.0004	0.0024	−0.0213	0.0038	−0.0022	−0.0152

表 4.5　地磁矢量校正结果

地磁分量	北/nT	天/nT	东/nT
校正前	349.4	392.5	562.3
两轴参数校正后	40.1	91.6	141.9
三轴参数校正后	41.5	92.3	141.5

4.3　两种非对准校正法效果对比

使用相同的测量数据，对两种校正方法进行对比。北、天、东方向的校正结果如图 4.20～图 4.22 所示，绕轴法具有更高的校正精度。两种方法的校正结果见表 4.6。可知，绕轴法校正后，地磁矢量测量精度有所提高。与基于磁场/重力在固定坐标系投影不变原理的非对准校正法相比，基于磁场/重力在平面垂向投影不变原理的非对准校正法具有以下几个优点：

(1) 无须制作高垂直度直角台，工艺上降低了要求。

(2) 实验操作方面，无须要求正六面体与直角台紧靠，更易操作。

(3) 校正精度方面，使用相同的地磁矢量测量点，绕轴法校正精度比直角台法略有提高。

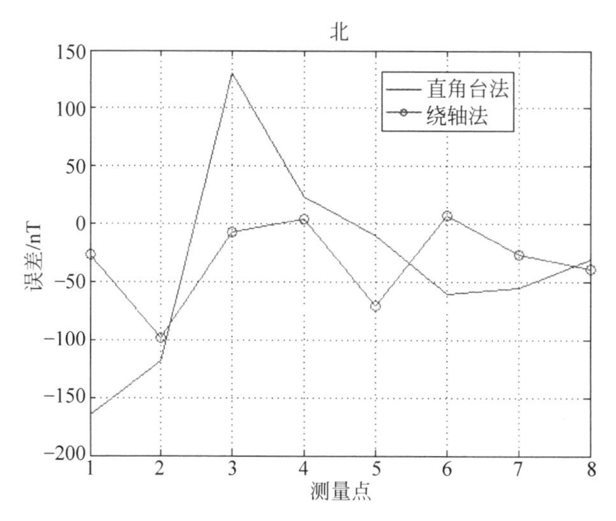

图 4.20　地磁北向测量结果(直角台法与绕轴法)

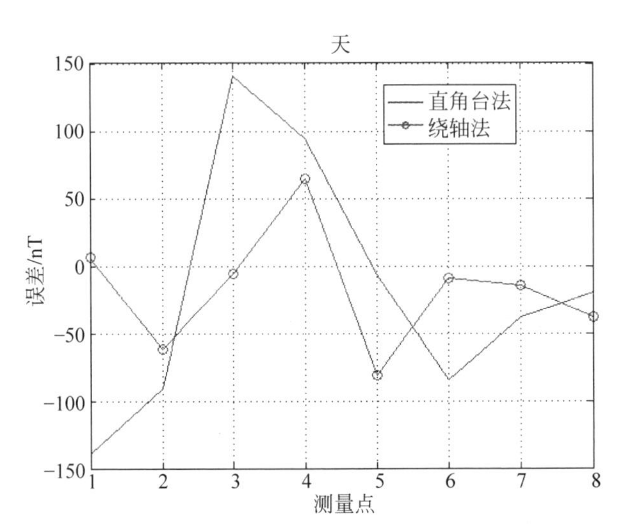

图 4.21 地磁天向测量结果(直角台法与绕轴法)

表 4.6 两种非对准校正方法对比结果

校正方法	北/nT	天/nT	东/nT
直角台法	97.5	96.5	139.2
绕轴法	50.2	48.3	141.3

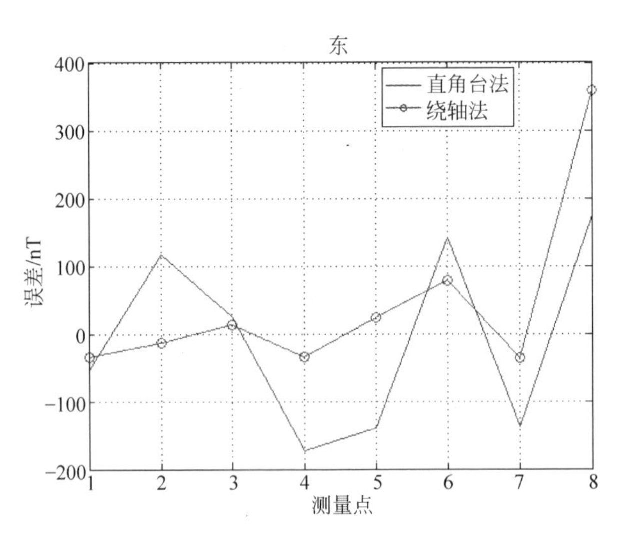

图 4.22 地磁东向测量结果(直角台法与绕轴法)

综上所述，基于磁场/重力在平面垂向投影不变原理的非对准校正法具有更高的校正精度，设备更易加工，操作更方便，具有更好的实用性。但是前提条件是获取的平面垂向的磁场/重力投影较准确。虽然两种方法校正效果明显，但是仍然存在一定校正残差，原因如下：

(1) 磁传感器校正残差对非对准校正产生微弱影响。

(2) 正六面体加工精度有限，各相邻面不可能完全垂直。

(3) 直角台加工精度有限，难以完全垂直。

(4) 铝材料强度有限，翻转过程中存在微弱变形。

4.4　重力扰动分析

地球重力场是很复杂的，一部分是规则的，占据地球重力场绝大部分，称为正常重力场；另一部分不规则，称为重力扰动。地球内部活动会引起地表重力观测的不稳定，即重力扰动，地幔流动和地核物质扰动均会导致重力扰动。在整个非对准校正实验过程中，由于加速度计在不同时刻测量重力，重力扰动导致实际重力发生不规则变化，对惯导中的加速度计测量产生影响。另外，由于非对准校正基于重力投影值在固定坐标系或者垂直方向不变原理，一旦产生重力扰动，则必然影响非对准校正精度。

4.4.1　重力扰动引入的惯导测量误差

对重力扰动引入的惯导测量误差进行仿真分析，假设重力标准稳定值为 $9.8g$。加速度计在多个姿态下测量，如图 4.23 所示。理论上，在整个测量过程中，重力值是恒定不变的。由于重力扰动原因，在这几个姿态测量过程中，外界重力产生无规则变化，导致重力测量标量偏移标准稳定值，即在 $9.8g$ 附近波动。不仅标量值波动，重力扰动在加速度计三个轴的投影分量也偏离真实值。重力扰动由于呈现无规则变化，在仿真中，假设重力扰动为均值为零、标准差为 $0.02g$ 的高斯白噪声。在各测量姿态中，加速度计测量的重力扰动总量值如图 4.24 所示，加速度计测量的重力扰动分量值如图 4.25 所示。无论是总量值扰动还是分量值扰动，幅度均达到 $0.02g$。

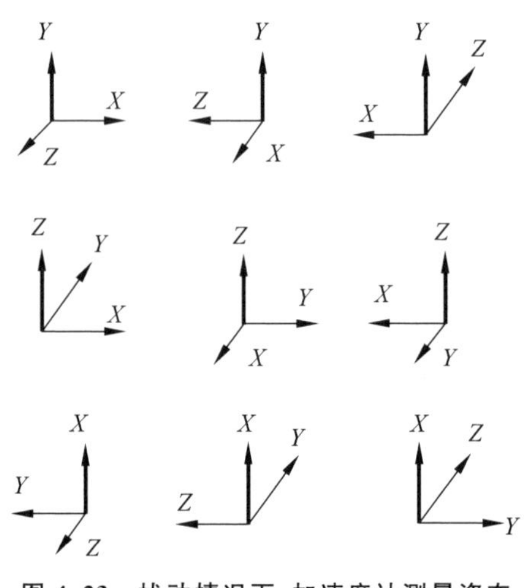

图 4.23 扰动情况下，加速度计测量姿态

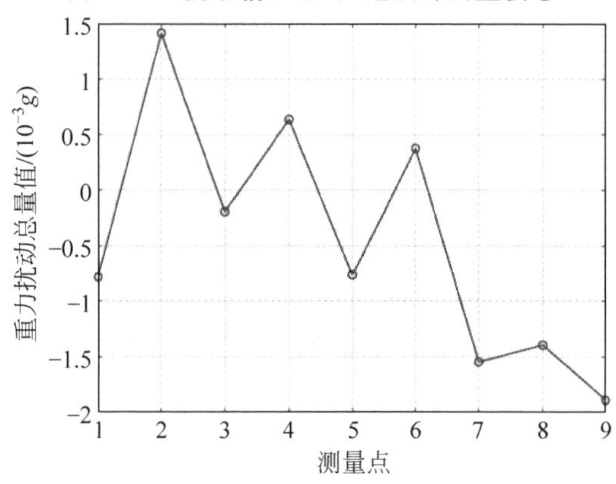

图 4.24 重力扰动总量值

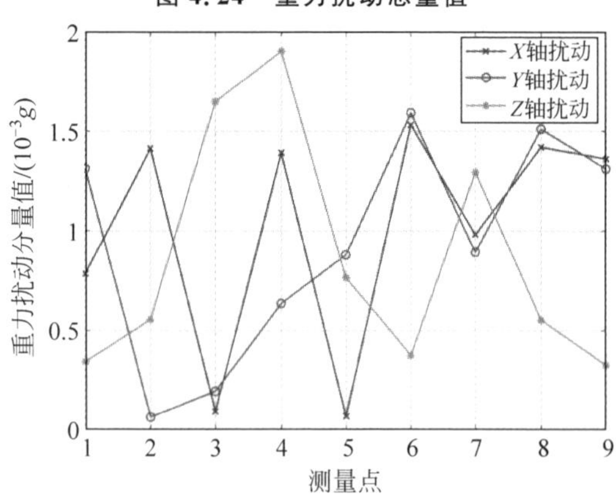

图 4.25 重力扰动分量值

4.4.2　重力扰动引入的非对准误差

重力扰动不仅会影响加速度计测量值，而且会进一步影响非对准校正效果。假设重力标准稳定值为 9.8g，重力扰动为均值为零、标准差为 0.02g 的高斯白噪声。则在整个非对准校正过程中，加速度计测量受到扰动干扰，且不同姿态测量点受到的外界干扰幅度值不同。采用基于重力投影在固定坐标系投影不变原理的非对准校正方法。在此重力扰动情况下，假设铝制正六面体和直角台的平整度和垂直度误差为零，采用基于直角台和正六面箱体(图 4.1)的校正方法，计算加速度计与正六面体之间的角度关系，实现坐标系关系的校正。当出现重力扰动时，非对准角估计值及重力在固定坐标系投影估计值将产生误差，误差大小与重力扰动大小呈正相关。为了测试重力扰动对非对准校正的具体影响程度，仿真中设置不同的重力扰动标准差，计算不同重力扰动下的具体误差数值。非对准角真实值设置为 $\Psi=0.0147°$，$\theta=0.036°$，$\Phi=-0.0927°$，固定中间坐标系的真实重力投影设置为 $P_x=-0.2862°$，$P_y=9.7857°$，$P_z=-0.1804°$，见表 4.7。其中，Ψ，θ，Φ 代表非对准角，P_x，P_y，P_z 代表重力投影。表 4.7 显示了不同重力扰动下的非对准角和重力投影估计值。当重力扰动标准差为 0.001g 时，非对准角和重力投影估计值与真实值相差不大。当重力扰动标准差为 0.01g 时，非对准角误差值剧烈增大，但是重力投影估计值与真实值相差不大。当重力扰动标准差为 0.02g 时，非对准角误差值继续增大，而且非对准角 Ψ 正负关系已经有误，但是重力投影估计值与真实值相差不大。

表 4.7　不同重力扰动下的非对准角估计值

标准差	参数	$\Psi/(°)$	$\theta/(°)$	$\Phi/(°)$	P_x/g	P_y/g	P_z/g
	真实值	0.0147	0.0360	−0.0927	−0.2862	9.7857	−0.1804
0.001	计算值	0.0139	0.0364	−0.0921	−0.2863	9.7858	−0.1803
0.01	计算值	0.0063	0.0456	−0.0799	−0.2862	9.7870	−0.1803
0.02	计算值	−0.0020	0.0340	−0.0783	−0.2864	9.7860	−0.1828

当重力干扰标准差为 0.001g 时，非对准校正前后，加速度计 X，Y，Z 轴测量值误差如图 4.26～图 4.28 所示。可见，加速度计投影分量误差峰值 X 轴从 0.006 418g 降低到 0.002 297g，Y 轴从 0.016 34g 降低到 0.001 671g，Z 轴从 0.018g 降低到 0.017 72g。

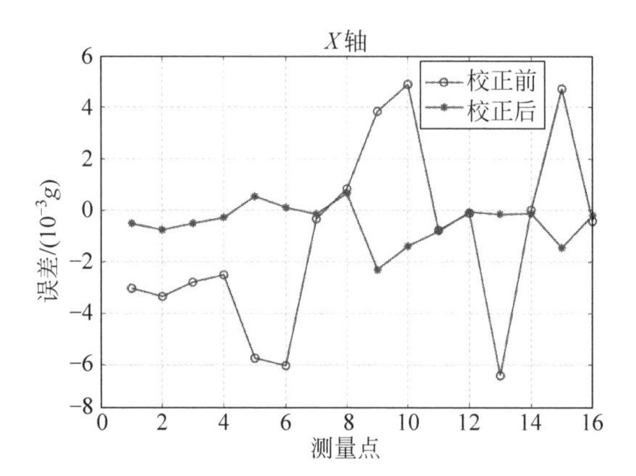

图 4.26　重力干扰标准差为 0.001g 时加速度计 X 轴测量值误差

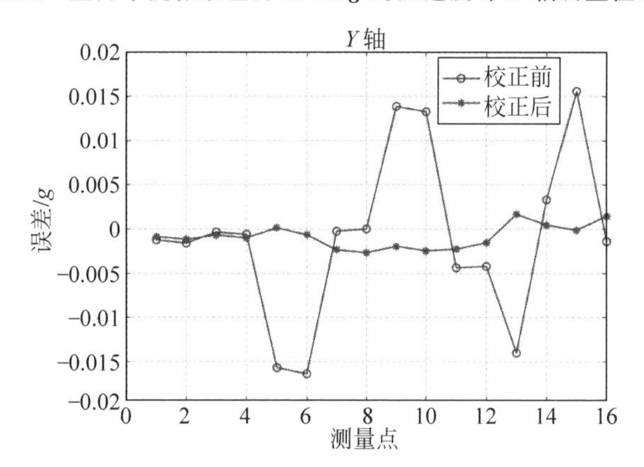

图 4.27　重力干扰标准差为 0.001g 时加速度计 Y 轴测量值误差

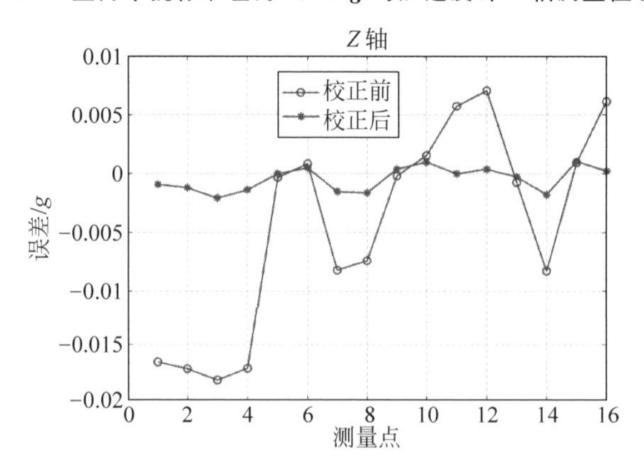

图 4.28　重力干扰标准差为 0.001g 时加速度计 Z 轴测量值误差

当重力干扰标准差为0.01g时，非对准校正前后，加速度计X,Y,Z轴测量值误差如图4.29～图4.31所示。可见，加速度计投影分量误差峰值X轴从0.012 35g降低到0.009 435g，Y轴从0.020 18g降低到0.010 37g，Z轴从0.015 67g降低到0.008 652g。

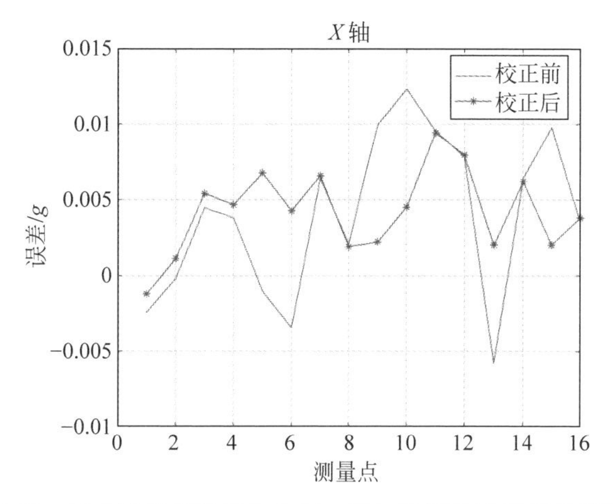

图4.29 重力干扰标准差为0.01*g*时加速度计*X*轴测量值误差

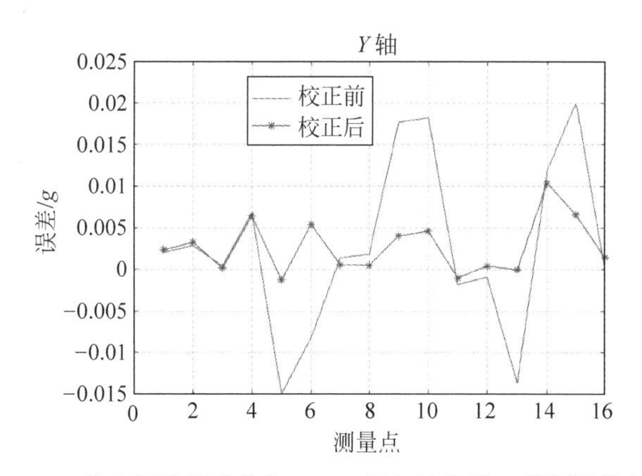

图4.30 重力干扰标准差为0.01*g*时加速度计*Y*轴测量值误差

当重力干扰标准差为0.02g时，非对准校正前后，加速度计X,Y,Z轴测量值误差如图4.32～图4.34所示。加速度计各轴的非对准误差没有明显改善，校正效果不明显。即当重力干扰标准差达到0.02g时，非对准校正失效。

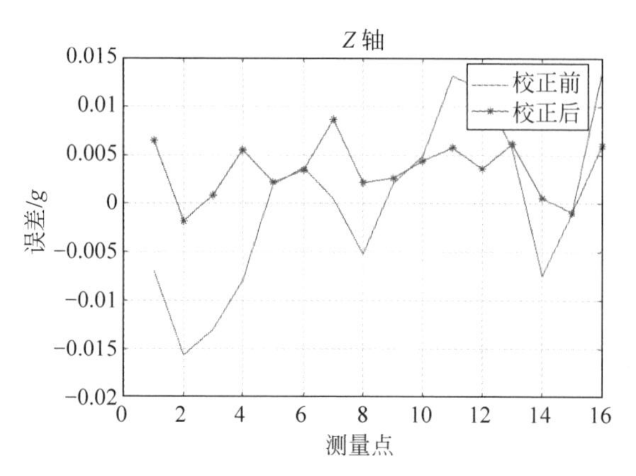

图 4.31 重力干扰标准差为 0.01g 时加速度计 Z 轴测量值误差

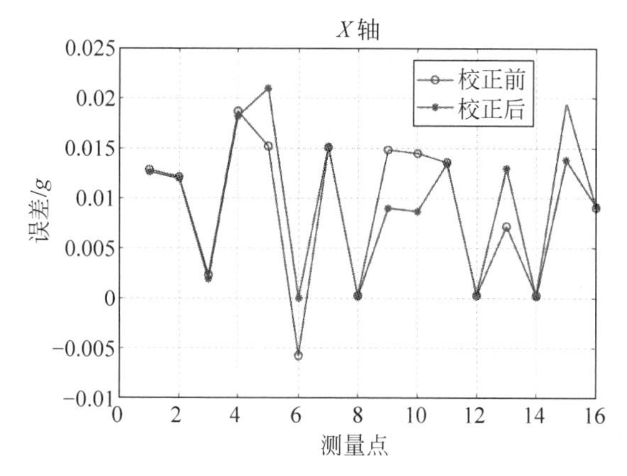

图 4.32 重力干扰标准差为 0.02g 时加速度计 X 轴测量值误差

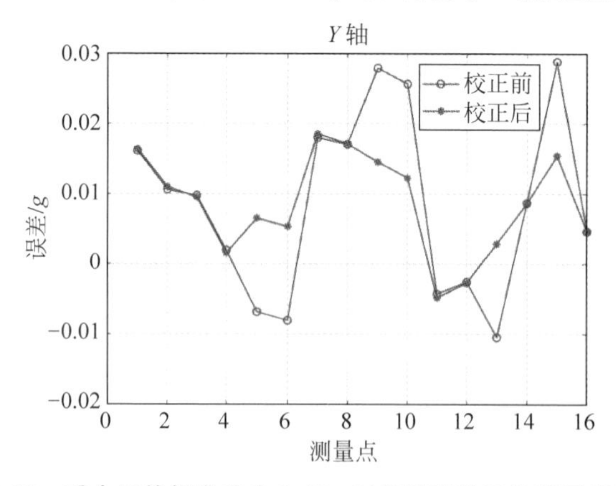

图 4.33 重力干扰标准差为 0.02g 时加速度计 Y 轴测量值误差

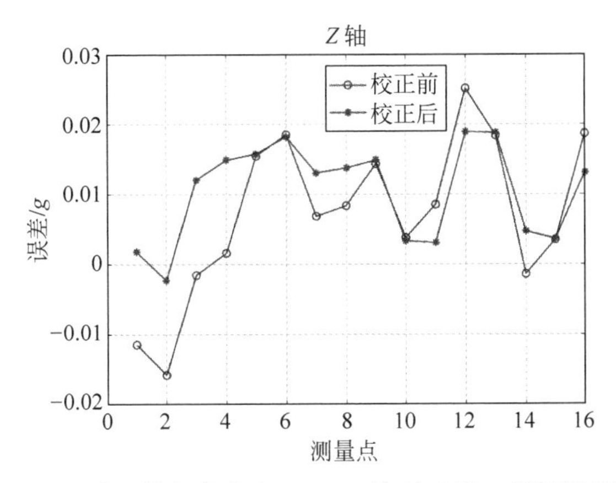

图 4.34　重力干扰标准差为 0.02g 时加速度计 Z 轴测量值误差

4.5　加速度计固定误差分析

除了重力扰动影响加速度计与固定坐标系非对准角估计值，加速度计本身存在的固定误差是影响非对准角估计值的另一个主要因素。值得注意的是，重力扰动是外界重力无规则变化，但是加速度计固定误差可通过数学建模进行分析和校正。

4.5.1　加速度计误差引入的惯导测量误差

与磁传感器类似，三轴加速度计在制造过程中，机械上难以保证三轴完全正交，且存在各轴零偏和刻度因子不一致问题，称为三轴加速度计固定误差，该误差影响惯导中加速度计总量和分量测量精度。通过对固定误差进行数学建模分析其对惯导加速度计输出误差的影响。三轴加速度计的误差模型如图 4.35 所示。坐标系 x-y-z 是正交理想加速度计坐标系，坐标系 X-Y-Z 是非正交加速度计坐标系，X 轴与 x 轴完全重合，Y 轴在 x-y 平面，Y 轴与 x 轴角度为 J_{Yx}，Y 轴与 y 轴角度为 J_{Yy}；Z 轴偏离 x-z 平面，Z 轴与 x 轴角度为 J_{Zx}，Z 轴与 z 轴角度为 J_{Zz}，Z 轴与 y 轴角度为 J_{Zy}。

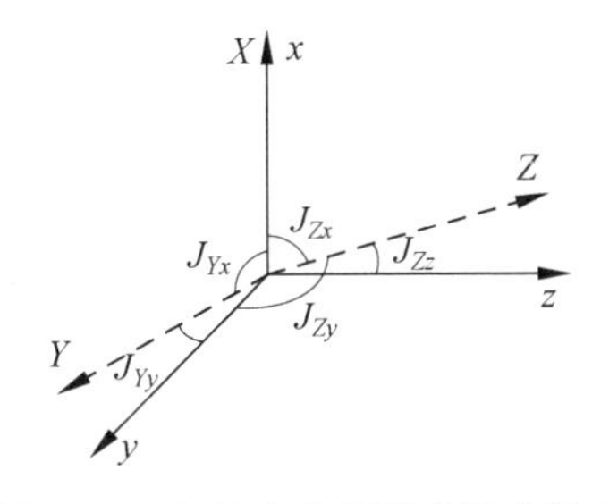

图 4.35　加速度坐标系非正交误差

加速度计除了图 4.35 中的非正交误差，还存在各轴刻度因子误差和零偏误差，误差模型如下：

$$\begin{bmatrix} G_x \\ G_y \\ G_z \end{bmatrix} = \begin{bmatrix} K_X & 0 & 0 \\ 0 & K_Y & 0 \\ 0 & 0 & K_Z \end{bmatrix} \begin{bmatrix} 1 & 0 & 0 \\ \cos J_{Yx} & \cos J_{Yy} & 0 \\ \cos J_{Zx} & \cos J_{Zy} & \cos J_{Zz} \end{bmatrix} \begin{bmatrix} g_x \\ g_y \\ g_z \end{bmatrix} + \begin{bmatrix} g_{bx} \\ g_{by} \\ g_{bz} \end{bmatrix} \tag{4.19}$$

其中，K_X，K_Y，K_Z 分别为加速度计 X，Y，Z 轴刻度因子误差；g_x，g_y，g_z 是重力在理想坐标系的投影；G_x，G_y，G_z 是加速度计测量值；g_{bx}，g_{by}，g_{bz} 分别为加速度计 X，Y，Z 轴零偏误差。仿真中，参数设置见表 4.8。外界重力干扰为零，恒定重力大小为 9.8g，加速度计在空间多个姿态进行重力测量，测量姿态如图 4.23 所示。理论上，当不存在固定误差时，加速度计在空间多个姿态测量的重力总量为恒定值 9.8g。由于固定误差原因，加速度计在多个姿态测量下总量变化，与恒定值之间的差值为误差值，相应总量误差变化情况如图 4.36 所示，误差幅度峰值为 0.069 45g。仿真中，分量真实值是已知的，相应分量误差变化情况如图 4.37 所示，X，Y 和 Z 轴的误差幅度峰值分别为 0.0298g，0.049 58g，0.069 38g。

表 4.8 加速度计固定误差参数设定值

K_x	K_y	K_z	J_{Yy}/(°)	J_{yx}/(°)	J_{Zz}/(°)	J_{Zx}/(°)	J_{Zy}/(°)	g_{bx}/g	g_{by}/g	g_{bz}/g
1.001	1.002	1.003	0.1145	89.885	0.114	89.982	89.886	0.02	0.03	0.04

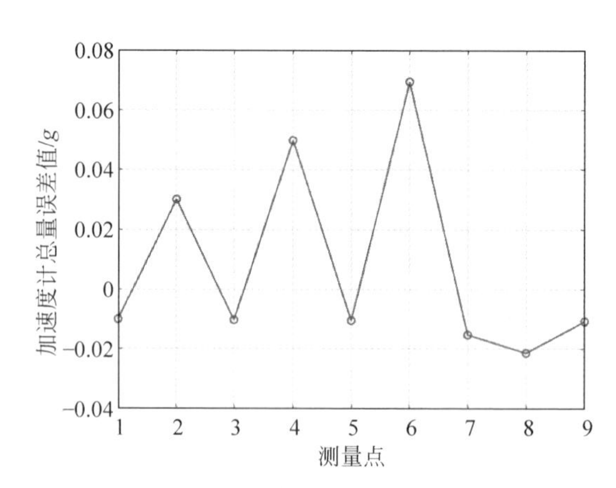

图 4.36 固定误差引起的加速度计总量测量误差

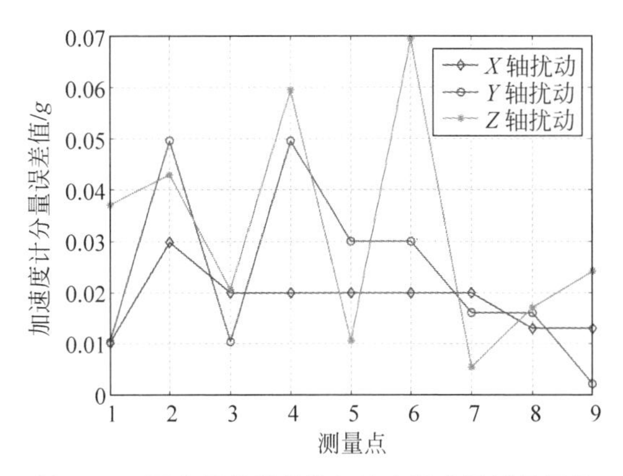

图 4.37　固定误差引起的加速度计分量测量误差

4.5.2　加速度计误差引入的非对准误差

与重力扰动类似，加速度计固定误差不仅引起惯导测量误差，而且影响非对准校正。下面对加速度计固定误差引起的非对准误差进行仿真分析。假设重力标准稳定值为 9.8 g，重力扰动为零。采用基于重力投影在固定坐标系投影不变原理的非对准校正方法。假设铝制正六面体和直角台的平整度和垂直度误差为零，采用基于直角台和正六面箱体（图 4.1）的校正方法，计算加速度计与正六面体之间的角度关系，实现坐标系关系的校正。当存在加速度计固定误差时，非对准角估计值及重力在固定坐标系投影将产生误差，误差大小与固定误差大小呈正相关。为了测试固定误差对非对准校正的具体影响程度，仿真中设置不同的固定误差，计算不同固定误差下的具体误差数值。

固定误差参数见表 4.8，非对准校正效果如图 4.38～图 4.40 所示。可见，加速度计误差影响非对准校正，当误差参数达到表 4.8 所示时，非对准失效。因为非对准校正的要求是理想正交坐标系之间进行对准，当存在非正交、刻度因子和零偏时，非对准角度计算已经偏离了真实值。

固定误差参数见表 4.9，加速度计非对准角度不变，刻度因子和零偏误差降低一个数量级，非对准校正效果如图 4.41～图 4.43 所示，与图 4.38～图 4.40 相比，非对准误差明显下降，残余误差仍然存在，由于非对准角度不变，误差下降没有达到一个数量级。因此加速度计校正有利于非对准校正，特别是当加速度计固定误差较大时，需要对加速度计进行校正。

表 4.9 加速度计固定误差参数设定值

K_x	K_y	K_z	$J_{Yy}/(°)$	$J_{yx}/(°)$	$J_{Zz}/(°)$	$J_{Zx}/(°)$	$J_{Zy}/(°)$	g_{bx}/g	g_{by}/g	g_{bz}/g
1.0001	1.0002	1.0003	0.1145	89.885	0.114	89.982	89.886	0.002	0.003	0.004

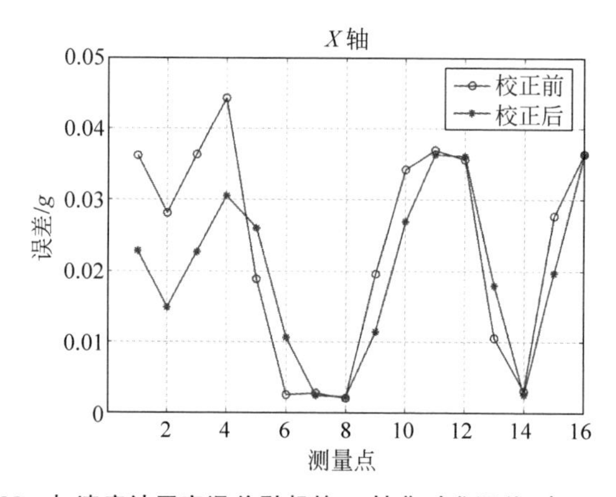

图 4.38 加速度计固定误差引起的 X 轴非对准误差(表 4.8 误差)

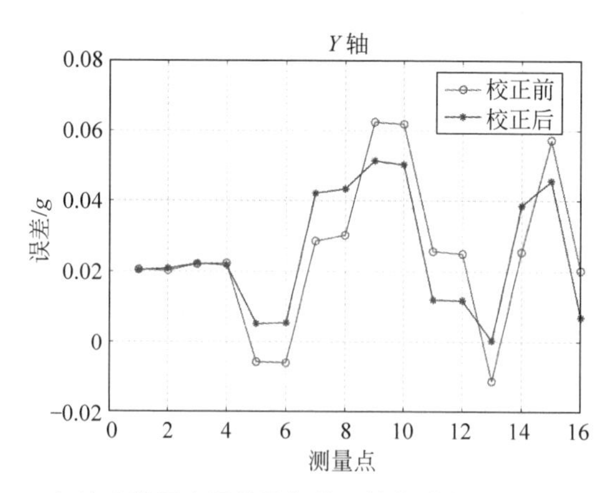

图 4.39 加速度计固定误差引起的 Y 轴非对准误差(表 4.8 误差)

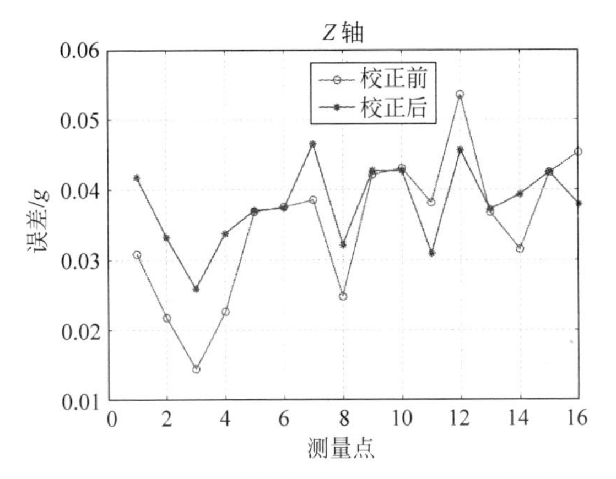

图 4.40　加速度计固定误差引起的 Z 轴非对准误差(表 4.8 误差)

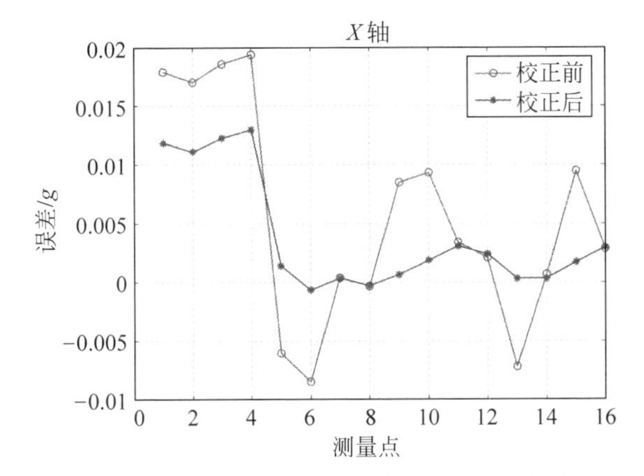

图 4.41　加速度计固定误差引起的 X 轴非对准误差(表 4.9 误差)

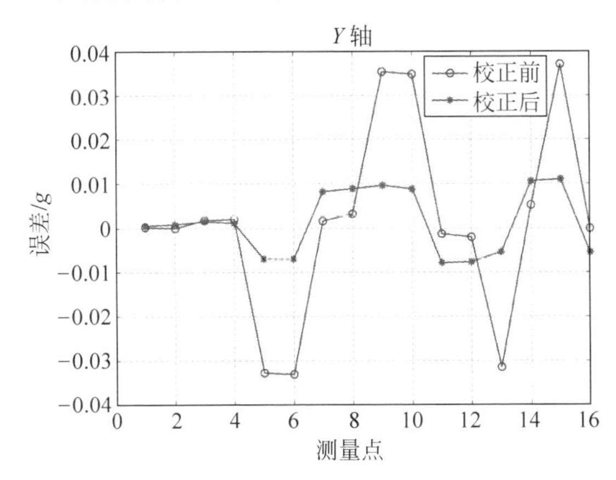

图 4.42　加速度计固定误差引起的 Y 轴非对准误差(表 4.9 误差)

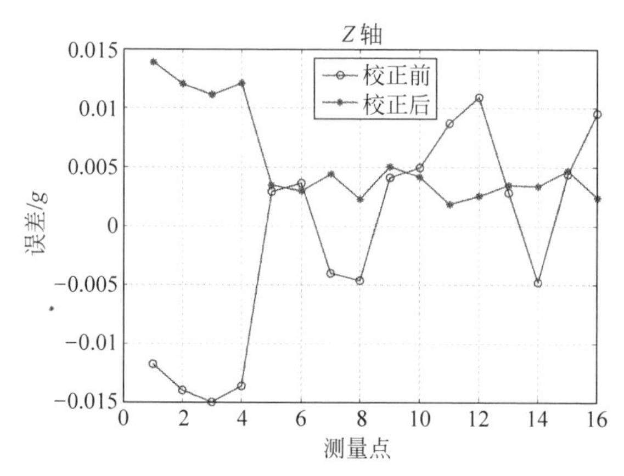

图 4.43 加速度计固定误差引起的 Z 轴非对准误差(表 4.9 误差)

4.6 加速度计校正

4.6.1 基于模量法的加速度计校正原理

基于输入输出物理量的模相等的标定方法(简称模标定方法)基本原理如下：

处于任意静态位置的加速度计输出 $\boldsymbol{G}$ 均满足如下公式：

$$|\boldsymbol{K}\cdot\boldsymbol{J}\cdot\boldsymbol{G}-\boldsymbol{g}_b|=g \tag{4.20}$$

通过多个位置的输出建立方程组,可以实现 $\boldsymbol{K}$、$\boldsymbol{J}$ 和 $\boldsymbol{g}_b$ 的解算,从而实现加速度计参数的标定。

如前所述,误差模型如式(4.19)所示。式(4.19)可表示为

$$\begin{bmatrix}G_x\\G_y\\G_z\end{bmatrix}=\begin{bmatrix}K_X & 0 & 0\\ K_Y\cos J_{Yx} & K_Y & 0\\ K_Z\cos J_{Zx} & K_Z\cos J_{Zy} & K_Z\cos J_{Zz}\end{bmatrix}\begin{bmatrix}g_x\\g_y\\g_z\end{bmatrix}+\begin{bmatrix}g_{bx}\\g_{by}\\g_{bz}\end{bmatrix} \tag{4.21}$$

式(4.21)可以表示为

$$\begin{bmatrix}G_x\\G_y\\G_z\end{bmatrix}=\begin{bmatrix}p_{11} & 0 & 0\\ p_{21} & p_{22} & 0\\ p_{31} & p_{32} & p_{33}\end{bmatrix}\begin{bmatrix}g_x\\g_y\\g_z\end{bmatrix}+\begin{bmatrix}g_{bx}\\g_{by}\\g_{bz}\end{bmatrix} \tag{4.22}$$

其中，

$$\begin{cases} p_{11}=K_X \\ p_{22}=K_Y \\ p_{33}=K_Z\cos J_{Zz} \\ p_{21}=K_Y\cos J_{Yx} \\ p_{31}=K_Z\cos J_{Zx} \\ p_{32}=K_Z\cos J_{Zy} \end{cases}$$

式(4.22)可变化成

$$\begin{bmatrix} g_x \\ g_y \\ g_z \end{bmatrix}=\begin{bmatrix} q_{11} & 0 & 0 \\ q_{21} & q_{22} & 0 \\ q_{31} & q_{32} & q_{33} \end{bmatrix}\left(\begin{bmatrix} G_x \\ G_y \\ G_z \end{bmatrix}-\begin{bmatrix} g_{bx} \\ g_{by} \\ g_{bz} \end{bmatrix}\right) \tag{4.23}$$

对式(4.23)两边进行平方：

$$g^2=\left(\begin{bmatrix} G_x \\ G_y \\ G_z \end{bmatrix}-\begin{bmatrix} g_{bx} \\ g_{by} \\ g_{bz} \end{bmatrix}\right)^{\mathrm{T}}\begin{bmatrix} q_{11} & 0 & 0 \\ q_{21} & q_{22} & 0 \\ q_{31} & q_{32} & q_{33} \end{bmatrix}^{\mathrm{T}}\begin{bmatrix} q_{11} & 0 & 0 \\ q_{21} & q_{22} & 0 \\ q_{31} & q_{32} & q_{33} \end{bmatrix}\left(\begin{bmatrix} G_x \\ G_y \\ G_z \end{bmatrix}-\begin{bmatrix} g_{bx} \\ g_{by} \\ g_{bz} \end{bmatrix}\right) \tag{4.24}$$

式(4.24)可表示成

$$g^2=$$

$$\begin{bmatrix} (G_x-g_{bx})(q_{11}{}^2+q_{21}{}^2+q_{31}{}^2)+(G_y-g_{by})(q_{22}q_{21}+q_{32}q_{31})+(G_z-g_{bz})(q_{33}q_{31}) \\ (G_x-g_{bx})(q_{21}q_{22}+q_{31}q_{32})+(G_y-g_{by})(q_{22}{}^2+q_{32}{}^2)+(G_z-g_{bz})(q_{33}q_{32}) \\ (G_x-g_{bx})(q_{31}q_{33})+(G_y-g_{by})(q_{32}q_{33})+(G_z-g_{bz})(q_{33}{}^2) \end{bmatrix}^{\mathrm{T}}\times$$

$$\begin{bmatrix} G_x-g_{bx} \\ G_y-g_{by} \\ G_z-g_{bz} \end{bmatrix} \tag{4.25}$$

式(4.25)可表示成

$$\begin{aligned} g^2= & G_x^2(q_{11}^2+q_{21}^2+q_{31}^2)+G_y^2(q_{22}^2+q_{32}^2)+G_z^2(q_{33}^2)+ \\ & 2(G_xG_y)(q_{22}q_{21}+q_{32}q_{31})+2G_yG_z(q_{33}q_{32})+ \\ & 2G_xG_z(q_{33}q_{31})-2G_xg_{bx}(q_{11}^2+q_{21}^2+q_{31}^2)- \\ & 2G_xg_{by}(q_{22}q_{21}+q_{32}q_{31})-2G_xg_{bz}(q_{33}q_{31})- \end{aligned}$$

$$2g_{bx}G_y(q_{22}q_{21}+q_{32}q_{31})-2g_{by}G_y(q_{22}^2+q_{32}^2)-$$
$$2G_yg_{bz}(q_{33}q_{32})-2g_{bx}G_z(q_{33}q_{31})-2g_{by}G_z(q_{33}q_{32})-$$
$$2G_zg_{bz}(q_{33}^2)+g_{bx}^2(q_{11}^2+q_{21}^2+q_{31}^2)+2(g_{bx}g_{by})(q_{22}q_{21}+$$
$$q_{32}q_{31})+2(g_{bx}g_{bz})(q_{33}q_{31})+g_{by}^2(q_{22}^2+q_{32}^2)+$$
$$2(g_{by}g_{bz})(q_{33}q_{32})+g_{bz}^2(q_{33}^2) \tag{4.26}$$

式(4.26)可表示成

$$\begin{aligned} g^2 = & G_x^2M_1+G_y^2M_2+G_z^2M_3+(G_xG_y)M_4+G_yG_zM_5+ \\ & G_xG_zM_6G_x(-2g_{bx}M_1-g_{by}M_4-g_{bz}M_6)\times \\ & G_y(-g_{bx}M_4-2g_{by}M_2-g_{bz}M_5)\times \\ & G_z(-g_{bx}M_6-g_{by}M_5-2g_{bz}M_3)+ \\ & g_{bx}^2M_1+g_{by}^2M_2+g_{bz}^2M_3+(g_{bx}g_{by})M_4+ \\ & (g_{by}g_{bz})M_5+(g_{bx}g_{bz})M_6 \end{aligned} \tag{4.27}$$

其中，

$$\begin{cases} M_1=q_{11}^2+q_{21}^2+q_{31}^2 \\ M_2=q_{22}^2+q_{32}^2 \\ M_3=q_{33}^2 \\ M_4=2q_{21}q_{22}+2q_{31}q_{32} \\ M_5=2q_{32}q_{33} \\ M_6=2q_{31}q_{33} \end{cases}$$

式(4.27)可表示成

$$\begin{aligned} 0= & G_x^2M_1+G_y^2M_2+G_z^2M_3+G_xG_yM_4+G_yG_zM_5+ \\ & G_xG_zM_6+G_xM_7+G_yM_8+G_zM_9+M_{10} \end{aligned} \tag{4.28}$$

其中，

$$\begin{cases} M_7=-2g_{bx}M_1-g_{by}M_4-g_{bz}M_6 \\ M_8=(-g_{bx}M_4-2g_{by}M_2-g_{bz}M_5) \\ M_9=(-g_{bx}M_6-g_{by}M_5-2g_{bz}M_3) \\ M_{10}=g_{bx}^2M_1+g_{by}^2M_2+g_{bz}^2M_3+(g_{bx}g_{by})M_4+ \\ \qquad (g_{by}g_{bz})M_5+(g_{bx}g_{bz})M_6-g^2 \end{cases}$$

式(4.28)可表示成

$$G_z^2=G_x^2\left(-\frac{M_1}{M_3}\right)+G_y^2\left(-\frac{M_2}{M_3}\right)+G_xG_y\left(-\frac{M_4}{M_3}\right)+G_yG_z\left(-\frac{M_5}{M_3}\right)+ G_xG_z\left(-\frac{M_6}{M_3}\right)+G_x\left(-\frac{M_7}{M_3}\right)+G_y\left(-\frac{M_8}{M_3}\right)+G_z\left(-\frac{M_9}{M_3}\right)+\left(-\frac{M_{10}}{M_3}\right) \tag{4.29}$$

式(4.29)可表示成

$$G_z^2=G_x^2W(1)+G_y^2W(2)+G_xG_yW(3)+G_yG_zW(4)+ G_xG_zW(5)+G_xW(6)+G_yW(7)+G_zW(8)+W(9) \tag{4.30}$$

其中，

$$\begin{cases}W(6)=-(2g_{bx}W(1)+g_{by}W(3)+g_{bz}W(5))\\W(7)=-(g_{bx}W(3)+2g_{by}W(2)+g_{bz}W(4))\\W(8)=-(g_{bx}W(5)+g_{by}W(4)-2g_{bz})\\W(9)=g_{bx}^2W(1)+g_{by}^2W(2)-g_{bz}^2+(g_{bx}g_{by})W(3)+\\(g_{by}g_{bz})W(4)+(g_{bx}g_{bz})W(5)+\dfrac{g^2}{M_3}\end{cases}$$

通过 $W(1),W(2),\cdots,W(8)$之间关系可计算出加速度计零偏：

$$\begin{bmatrix}g_{bx}\\g_{by}\\g_{bz}\end{bmatrix}=\begin{bmatrix}2W(1)+W(3)+W(5)\\W(3)+2W(2)+W(4)\\W(5)+W(4)-2\end{bmatrix}^{-1}\begin{bmatrix}-W(6)\\-W(7)\\-W(8)\end{bmatrix} \tag{4.31}$$

通过 $W(1),W(2),W(3),W(4),W(5),W(9)$可计算出 M_3：

$$M_3=\frac{g^2}{W(9)-[g_{bx}^2W(1)+g_{by}^2W(2)-g_{bz}^2+(g_{bx}g_{by})W(3)+(g_{by}g_{bz})W(4)+(g_{bx}g_{bz})W(5)]} \tag{4.32}$$

计算出 M_3，则可计算出 $M_1,M_2,\cdots,M_6$：

$$\begin{cases}M_1=-M_3\cdot W(1)\\M_2=-M_3\cdot W(2)\\M_4=-M_3\cdot W(3)\\M_5=-M_3\cdot W(4)\\M_6=-M_3\cdot W(5)\end{cases} \tag{4.33}$$

通过解非线性方程组，可计算出 $q_{11}, q_{22}, q_{33}, q_{21}, q_{31}, q_{32}$，代入式(4.23)，可实现加速度计校正。对矩阵求逆，计算出 $p_{11}, p_{22}, p_{33}, p_{21}, p_{31}, p_{32}$，联合关系式 $J_{Yy}+J_{Yx}=90°$，$(\cos J_{Zx})^2+(\cos J_{Zy})^2+(\cos J_{Zz})^2=1$，计算出所有刻度因子和 5 个非对准角度误差。

4.6.2 加速度计校正仿真分析

对基于模量法的加速度计校正效果进行仿真分析。仿真条件：假设重力标准稳定值为 $9.8g$。加速度计在多个姿态下测量，如图 4.23 所示。理论上，在整个测量过程中，重力值是恒定不变的。测量过程中，扰动加速度为均值为零、标准差为 $0.002g$ 的高斯白噪声。

加速度计固定误差参数设置见表 4.10，固定误差不仅引起加速度标量测量值波动，加速度计三个轴的测量分量也偏离真实值。采用模量法校正，准确估计加速度计固定参数，固定参数计算值见表 4.10。将估计值代入校正公式，实现加速度计校正。在各测量姿态中，加速度计 X 轴、Y 轴和 Z 轴校正效果分别如图 4.44、图 4.45 和图 4.46 所示。校正后，加速度计 X 轴、Y 轴和 Z 轴测量误差幅度值分别从 $0.031\,76g$，$0.051\,45g$，$0.070\,25g$ 降低到 $0.001\,377g$，$0.001\,118g$，$0.000\,6g$，有效提高了加速度计各轴测量精度。

表 4.10　加速度计固定误差参数设定值和估计值

参数	K_x	K_y	K_z	$J_{Yy}/(°)$	$J_{yx}/(°)$	$J_{Zz}/(°)$	$J_{Zx}/(°)$	$J_{Zy}/(°)$	g_{bx}/g	g_{by}/g	g_{bz}/g
设置值	1.001	1.002	1.003	0.1145	89.885	0.114	89.982	89.886	0.02	0.03	0.04
估计值	1.001	1.0021	1.003	0.1132	89.8868	0.1164	89.9789	89.8855	0.0216	0.0311	0.0408

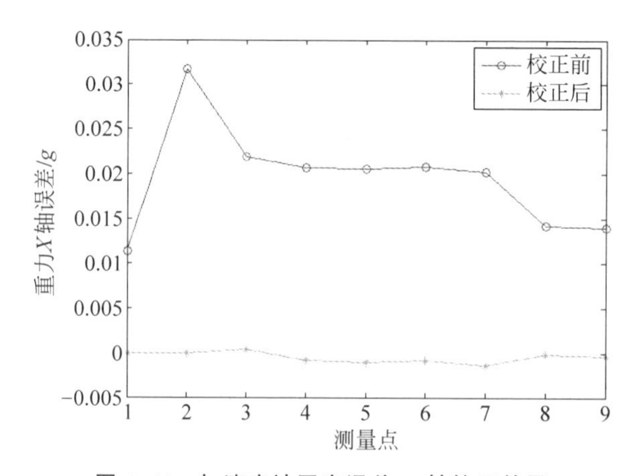

图 4.44　加速度计固定误差 X 轴校正效果

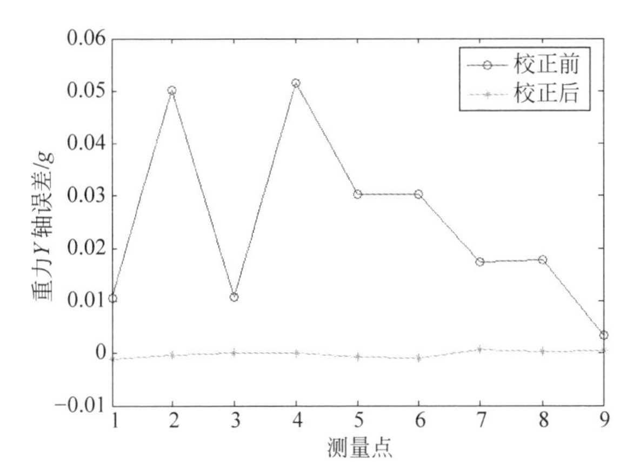

图 4.45　加速度计固定误差 Y 轴校正效果

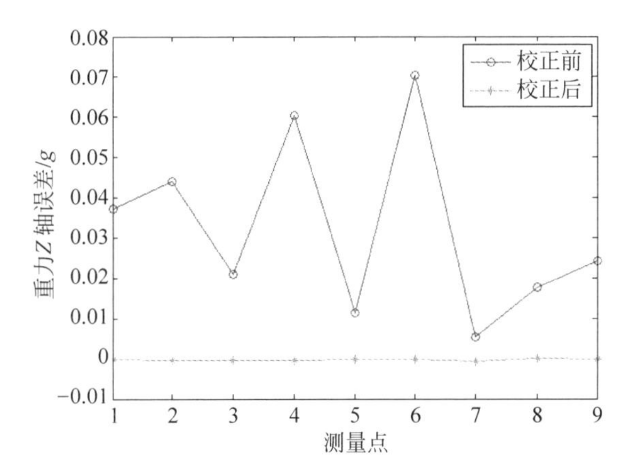

图 4.46　加速度计固定误差 Z 轴校正效果

第5章　磁干扰分量补偿技术

惯导干扰严重影响地磁矢量测量精度。传统干扰补偿技术均采用基于总量约束的干扰补偿方法,但总量约束干扰补偿方法无法正确计算干扰参数,难以适用于分量补偿。本章提出了通过设计辅助设备提供分量真实值、利用惯导姿态相对变化信息、基于基准地磁信息等分量补偿方法,准确获取了磁干扰参数,实现了惯导磁干扰分量补偿,抑制了地磁矢量系统主要误差。

5.1　总量补偿法失效性分析

由于难以获取磁场分量真实值,总量补偿法广泛用于磁干扰补偿,其基本原理是磁传感器测量总量值经过补偿后应等于当地真实地磁场总量值,从而估计补偿参数。但总量补偿法无法用于矢量系统的干扰分量补偿。下面进行理论证明和实验验证。

5.1.1　理论分析

三轴磁传感器误差模型可表示为

$$\begin{bmatrix} B_{m1} \\ B_{m2} \\ B_{m3} \end{bmatrix} = \begin{bmatrix} K_x & D_{xy} & D_{yz} \\ D_{xy} & K_y & D_{xz} \\ D_{yz} & D_{xz} & K_z \end{bmatrix} \begin{bmatrix} H_x \\ H_y \\ H_z \end{bmatrix} + \begin{bmatrix} b_{x1} \\ b_{y1} \\ b_{z1} \end{bmatrix} + \begin{bmatrix} \varepsilon_x \\ \varepsilon_y \\ \varepsilon_z \end{bmatrix} \tag{5.1}$$

其中,H_x,H_y,H_z 是磁场矢量真实值；B_{m1},B_{m2},B_{m3} 是三轴磁传感器测量值；K_x,K_y,K_z 分别为 X 轴、Y 轴和 Z 轴的刻度因子；D_{xy} 表示 X 轴和 Y 轴之间的非正交性；D_{yz} 表示 Y 轴和 Z 轴之间的非正交性；D_{xz} 表示 X 轴和 Z 轴之间的非正交性；b_{x1},b_{y1},b_{z1} 表示 X 轴、Y 轴和 Z 轴的零偏；ε_x,ε_y,ε_z 表示噪声向量。考虑到硬磁和软磁干扰,综合误差可以表示为

$$\begin{bmatrix} B_{m1} \\ B_{m2} \\ B_{m3} \end{bmatrix} =$$

$$\begin{bmatrix} \alpha_{xx} & \alpha_{xy} & \alpha_{xz} \\ \alpha_{yx} & \alpha_{yy} & \alpha_{yz} \\ \alpha_{zx} & \alpha_{zy} & \alpha_{zz} \end{bmatrix} \begin{bmatrix} K_x & D_{xy} & D_{yz} \\ D_{xy} & K_y & D_{xz} \\ D_{yz} & D_{xz} & K_z \end{bmatrix} \begin{bmatrix} H_x \\ H_y \\ H_z \end{bmatrix} + \begin{bmatrix} b_{x1} \\ b_{y1} \\ b_{z1} \end{bmatrix} + \begin{bmatrix} b_{x2} \\ b_{y2} \\ b_{z2} \end{bmatrix} + \begin{bmatrix} \varepsilon_x \\ \varepsilon_y \\ \varepsilon_z \end{bmatrix} \tag{5.2}$$

其中,α_{ii} 代表软磁在 i 方向的感应系数,α_{ij} 不一定等于 α_{ji};i 和 j 是 X,Y 或 Z 轴,可以理解为比例常数(或感应系数);b_{x2},b_{y2},b_{z2} 表示 X 轴、Y 轴和 Z 轴硬磁系数。然后,综合补偿模型可表示为

$$\begin{bmatrix} H_x \\ H_y \\ H_z \end{bmatrix} = \begin{bmatrix} q_{11} & q_{12} & q_{13} \\ q_{21} & q_{22} & q_{23} \\ q_{31} & q_{32} & q_{33} \end{bmatrix} \begin{bmatrix} B_{m1} - b_x \\ B_{m2} - b_y \\ B_{m3} - b_z \end{bmatrix} \tag{5.3}$$

式(5.3)中有12个补偿参数:b_x,b_y,b_z 表示综合偏移;q_{11},q_{22},q_{33} 表示综合刻度因子;非对称矩阵由软磁误差引起。总量法无法用于分量补偿,下面进行理论证明。传感器干扰补偿模型如式(5.3)所示,总量法需要对等式两边进行平方,软磁干扰矩阵平方为

$$\boldsymbol{Q}^{\mathrm{T}}\boldsymbol{Q} = \begin{bmatrix} q_{11} & q_{21} & q_{31} \\ q_{12} & q_{22} & q_{32} \\ q_{13} & q_{23} & q_{33} \end{bmatrix} \begin{bmatrix} q_{11} & q_{12} & q_{13} \\ q_{21} & q_{22} & q_{23} \\ q_{31} & q_{32} & q_{33} \end{bmatrix} \tag{5.4}$$

式(5.4)可表示为

$$\boldsymbol{Q}^{\mathrm{T}}\boldsymbol{Q} =$$

$$\begin{bmatrix} q_{11}^2 + q_{21}^2 + q_{31}^2 & q_{11}q_{12} + q_{21}q_{22} + q_{31}q_{32} & q_{11}q_{13} + q_{21}q_{23} + q_{31}q_{33} \\ q_{11}q_{12} + q_{21}q_{22} + q_{31}q_{32} & q_{12}^2 + q_{22}^2 + q_{32}^2 & q_{12}q_{13} + q_{22}q_{23} + q_{32}q_{33} \\ q_{11}q_{13} + q_{21}q_{23} + q_{31}q_{33} & q_{12}q_{13} + q_{22}q_{23} + q_{32}q_{33} & q_{13}^2 + q_{23}^2 + q_{33}^2 \end{bmatrix} \tag{5.5}$$

式(5.5)可表示为

$$\boldsymbol{Q}^{\mathrm{T}}\boldsymbol{Q} = \begin{bmatrix} M_1 & M_4 & M_6 \\ M_4 & M_2 & M_5 \\ M_6 & M_5 & M_3 \end{bmatrix} \tag{5.6}$$

根据式(5.5)和式(5.6)可建立方程组：

$$\begin{cases}M_1=q_{11}^2+q_{21}^2+q_{31}^2\\M_2=q_{12}^2+q_{22}^2+q_{32}^2\\M_3=q_{13}^2+q_{23}^2+q_{33}^2\\M_4=q_{11}q_{12}+q_{21}q_{22}+q_{31}q_{32}\\M_5=q_{12}q_{13}+q_{22}q_{23}+q_{32}q_{33}\\M_6=q_{11}q_{13}+q_{21}q_{23}+q_{31}q_{33}\end{cases}\tag{5.7}$$

式(5.7)中有6个方程，待估参数有9个，因此无法准确估计软磁干扰参数，总量补偿方法中，即使参数无法准确估计，也不影响总量补偿结果，但分量补偿失效。

5.1.2 总量补偿法失效性仿真分析

磁场强度值设置为48 345.6nT。测量噪声为高斯白噪声，其均值为零，标准偏差为50nT。假设软磁干扰参数和硬磁干扰参数见表5.1，干扰参数代入综合误差模型式(5.2)，测量系统姿态在三维空间变化，姿态每次变化90°，保证各个方向充分激励，采用16个测量代表点。对称模型总量补偿法和非对称模型总量补偿方法参数估计结果见表5.1。结果表明，传统总量方法无法准确估计参数。图5.1和图5.2分别显示对称模型总量补偿法和非对称模型总量法补偿结果(噪声为50nT)。以图5.1为例，图5.1(a)～(d)分别显示了总量、X分量，Y分量和Z分量补偿结果。如图5.1所示，总量补偿法可以补偿总量干扰，但不能补偿分量误差。此外，研究发现即使没有观测噪声，总量补偿法仍然有系统误差，但分量补偿方法能准确估计所有参数。

表5.1 参数真值和估计值(总量补偿法)

参数	q_{11}	q_{22}	q_{33}	q_{12}	q_{13}	q_{23}
参数真值	1.05	1.02	0.97	0.02	0.06	−0.03
对称模型	1.0507	1.0209	0.9703	0.0344	0.0395	0.0057
非对称模型	1.0436	1.0159	0.9662	0.0443	0.1245	0.1103
参数	q_{21}	q_{31}	q_{32}	b_x	b_y	b_z
参数真值	0.05	0.02	0.04	300	−250	400
对称模型	0.0344	0.0395	0.0057	322	−226	426
非对称模型	0.0117	−0.0342	−0.0922	341	−213	426

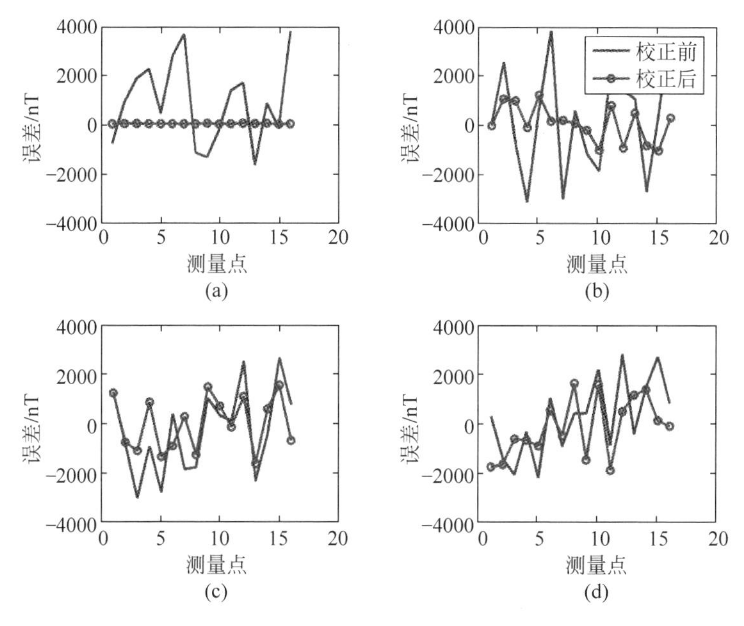

图 5.1　对称模型总量补偿法仿真结果

(a) 总量补偿结果；(b) X 轴补偿结果；(c) Y 轴补偿结果；(d) Z 轴补偿结果

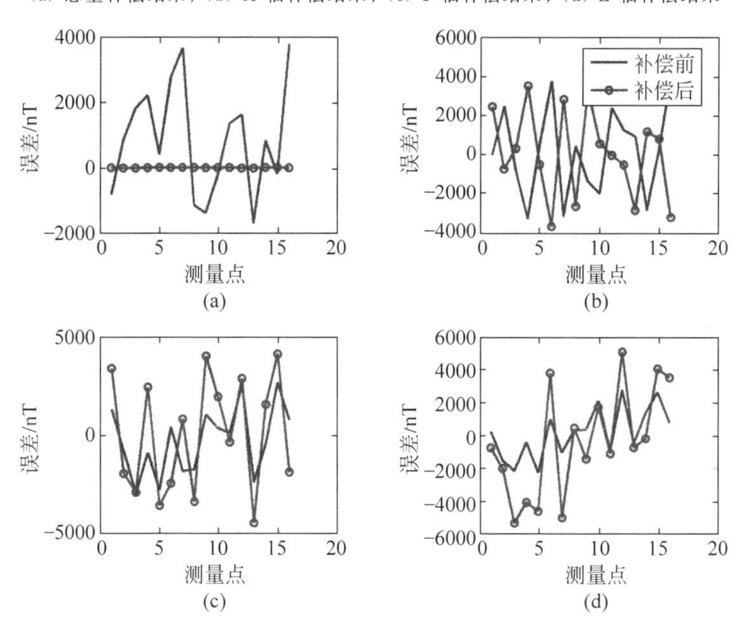

图 5.2　非对称模型总量补偿法仿真结果

(a) 总量补偿结果；(b) X 轴补偿结果；(c) Y 轴补偿结果；(d) Z 轴补偿结果

5.1.3　总量补偿法失效性实验分析

该实验系统主要包含三轴磁通门传感器(DM-050)、CZM-3质子磁力仪、无磁旋转设备、便携式计算机、12V-DC电源、两个磁铁、两个钢管、数据采集与处理软件。质子磁传感器用来测量磁场总量,12V-DC电源装置为磁通门传感器供电源。两个磁铁作为硬磁材料(小磁铁和大磁铁),两个钢管作为软磁材料(小钢管和大钢管)。小磁铁为环形:内径和外径分别为32mm和60mm,厚为8mm。大磁铁为饼形,直径为50mm,厚为10mm。小钢管的内径和外径分别为35mm和38mm,长为120mm。大钢管内径和外径分别为32mm和40mm,长为200mm。硬磁和软磁材料如图5.3所示。DM-050磁传感器数据采集软件是STL公司的Gradmag STL软件,用于信号显示和数据存储。

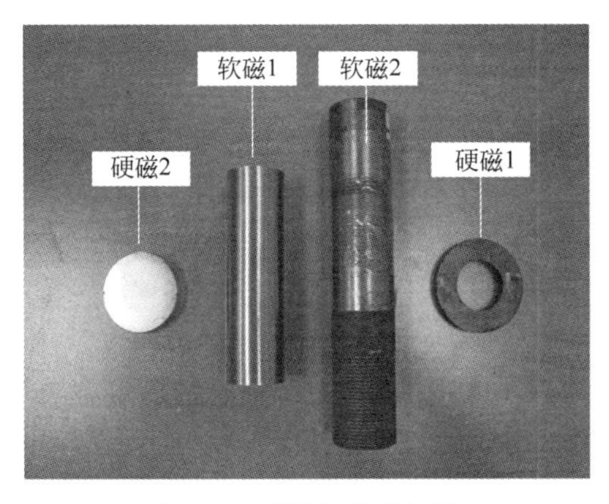

图5.3　硬磁和软磁材料

如图5.4所示,软磁材料距离DM-050传感器300mm,硬磁材料距离磁传感器150mm,软磁和硬磁位置固定,分成四种情况:①硬磁1和软磁1;②硬磁1和软磁2;③硬磁2和软磁1;④硬磁2和软磁2。为了比较不同硬磁材料和软磁材料的影响,采用36点静态测量策略,实现三维磁干扰测试。在四种情况下,DM-050磁传感器姿态相同。

以非对称模型总量补偿法为例,四种干扰情况下的补偿结果见表5.2,可知干扰主要受到硬磁影响,当放置大磁铁时(情况3和情况4),干扰达到数千nT。比较情况1与情况3的补偿性能可知,不同的硬磁干扰下的补偿性能类似,硬磁材料不是影响综合补偿效果的关键因素。补偿后,RMS误

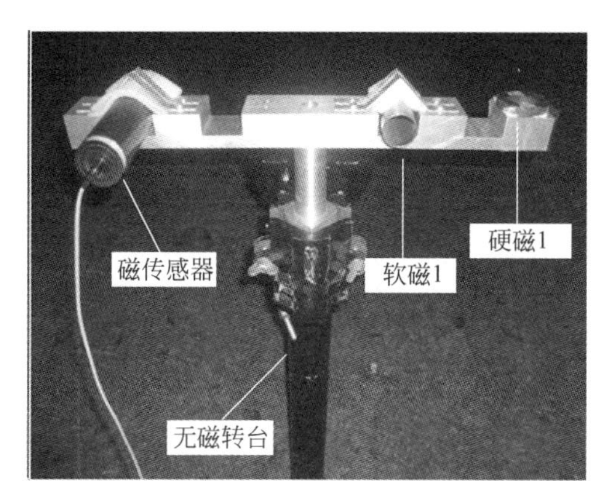

图 5.4　干扰材料测试实验系统

差分别由 1632.3nT 和 10 797.9nT 减少到 15.6nT 和 15.3nT。当使用大软磁管时，即情况 2 和情况 4 下，补偿后的 RMS 误差约为 100nT。因此，补偿性能主要受限于软磁材料。就整体而言，该方法在四种磁干扰情况下，综合补偿性能好。此外，由非线性方程组可以直接计算出综合参数，所以可方便有效地单独分析软磁和硬磁材料的影响。

表 5.2　四种干扰情况下的补偿结果

RMS 误差	情况 1/nT	情况 2/nT	情况 3/nT	情况 4/nT
补偿前	1632.3	3366.3	10 797.9	10 533.9
补偿后	15.6	79.4	15.3	100.9

四种干扰情况下的补偿结果见表 5.3。情况 1 和情况 2 中使用小磁铁，硬磁相同，但是两种情况估计的硬磁值差距较大，说明总量法难以准确估计参数。情况 3 和情况 4 中使用大磁铁，硬磁估计值同样差距较大。放置相同钢管的软磁参数估计值同样存在不一致，例如情况 2 和情况 4 下，均使用大钢管作为软磁材料，但是软磁参数估计值差距大，同样通过实验数据验证了总量法难以准确估计参数。

表 5.3　四种干扰情况下估计参数

参数	q_{11}	q_{22}	q_{33}	q_{12}	q_{13}	q_{23}
情况 1	0.9904	0.9885	0.9961	0.1185	0.0009	−0.0735
情况 2	1.0007	0.9986	1.0057	0.0312	0.0213	0.0884
情况 3	0.8447	0.8938	0.9505	0.4391	0.3058	−0.0521
情况 4	0.9197	0.8664	0.9271	0.3817	−0.0902	0.3896

续表

参数	q_{21}	q_{31}	q_{32}	b_x	b_y	b_z
情况 1	−0.1174	−0.0087	0.0733	−2642	378	−143
情况 2	−0.0337	−0.0194	−0.0892	−2785	3062	−3998
情况 3	−0.444	−0.2951	−0.0911	17823	−2110	−80
情况 4	−0.3192	0.2252	−0.3261	17102	266	−3860

5.2 基于直角台的分量补偿方法

5.2.1 基于直角台的分量补偿原理

式(5.2)可以表示为

$$\begin{cases} B_{m1} = r_{xx}H_x + r_{xy}H_y + r_{xz}H_z + b_x + \varepsilon_x \\ B_{m2} = r_{yx}H_x + r_{yy}H_y + r_{yz}H_z + b_y + \varepsilon_y \\ B_{m3} = r_{zx}H_x + r_{zy}H_y + r_{zz}H_z + b_z + \varepsilon_z \end{cases} \tag{5.8}$$

因此，分量补偿模型可以表示为

$$\begin{cases} H_x = q_{11}B_{m1} + q_{12}B_{m2} + q_{13}B_{m3} + b_{x3} \\ H_y = q_{21}B_{m1} + q_{22}B_{m2} + q_{23}B_{m3} + b_{y3} \\ H_z = q_{31}B_{m1} + q_{32}B_{m2} + q_{33}B_{m3} + b_{z3} \end{cases} \tag{5.9}$$

其中，b_{x3}，b_{y3}，b_{z3} 为硬磁补偿参数。图 5.5 显示了补偿系统补偿原理，操作设备主要包括正六面体框架和垂直台。首先，三轴磁传感器固定在正六面体上，获取地磁场分量的真值(图 5.5(a))。由于有 12 个未知参数，从而至少应该有 4 个

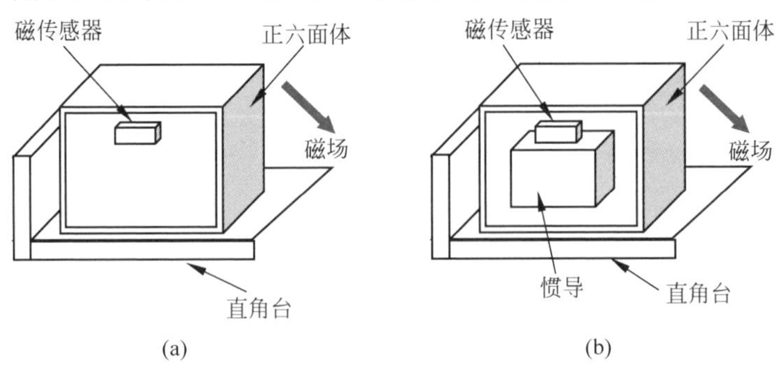

图 5.5 直角台补偿原理示意图

(a) 磁场真值测量；(b) 与 INS 结合后的磁场干扰分量测量

姿态。理论上，由于正六面体有 6 个面，总共有 24 个姿态，放置姿态按顺序记录。INS 与磁传感器固定在一起后，导致干扰磁场(图 5.5(b))。其次，正六面体根据前面记录的姿态顺序放置。正六面体和垂直台相结合，保证了磁传感器与 INS 固定连接后，磁传感器 X,Y,Z 轴方向不变(同样的姿态下)。

5.2.2　基于直角台的分量补偿法仿真分析

磁场强度值设置为 48 345.6nT。测量噪声为高斯白噪声，其均值为零，标准偏差为 50nT。测量系统姿态在三维空间变化，姿态每次变化 90°，保证各个方向充分激励，采用 15 个测量代表点，部分测量姿态如图 5.6 所示。分量补偿方法参数估计结果见表 5.4。结果表明，使用分量补偿方法可准确估计所有参数。通过式(5.9)补偿分量误差，图 5.7 显示了分量补偿法补偿结果(噪声为 50nT)。图 5.7(a)～(d)分别显示了总量、X 分量、Y 分量和 Z 分量补偿结果。显然，分量补偿法具有良好的总量和分量补偿的结果。

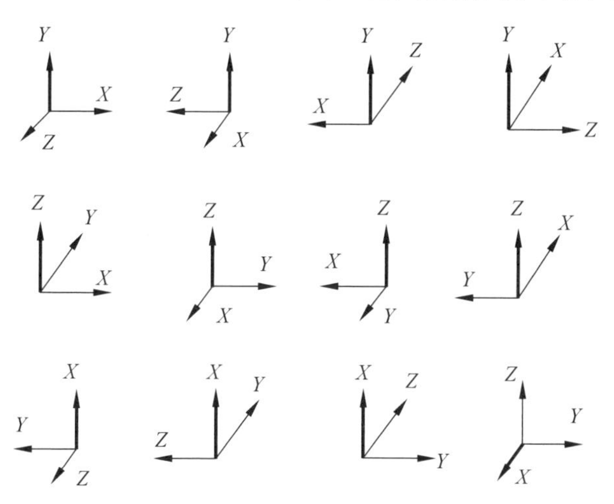

图 5.6　部分测量姿态

表 5.4　预设参数和分量补偿法估计参数

参　　数	r_{xx}	r_{yy}	r_{zz}	r_{xy}	r_{xz}	r_{yz}
预设参数	1.05	1.02	0.97	0.02	0.06	−0.03
估计参数	1.0502	1.0199	0.9700	0.0199	0.0599	−0.0300
参　　数	r_{yx}	r_{zx}	r_{zy}	b_x	b_y	b_z
预设参数	0.05	0.02	0.04	300	−250	400
估计参数	0.0500	0.0200	0.0401	290	−228	443

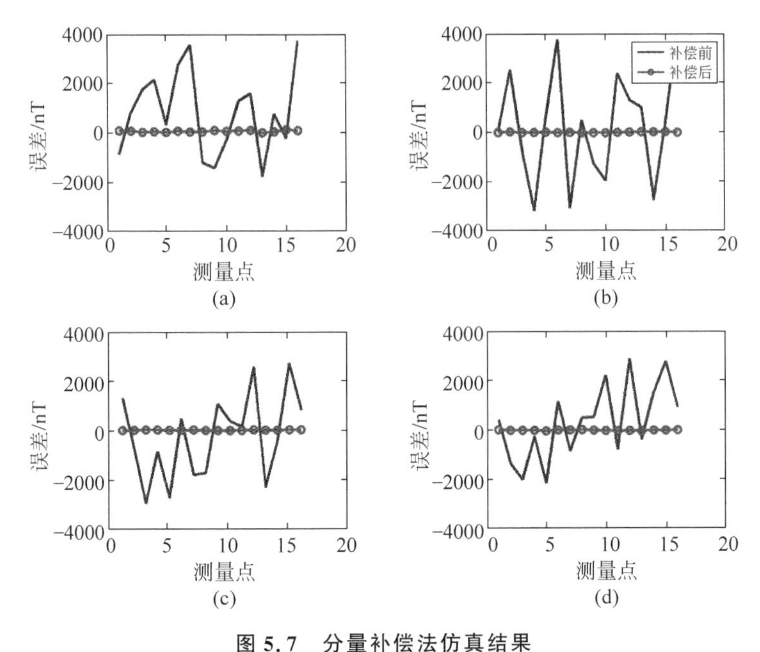

图 5.7　分量补偿法仿真结果

(a) 总量补偿结果；(b) X 轴补偿结果；(c) Y 轴补偿结果；(d) Z 轴补偿结果

将图 5.1、图 5.2 和图 5.7 进行对比分析。由于软磁干扰矩阵是非对称矩阵,加上硬磁干扰参数,总共是 12 个干扰参数。基于总量约束法,软磁干扰参数之间相互耦合。图 5.1 中使用对称模型进行干扰补偿,实际上是为了避免参数耦合对补偿模型的简化,但是此模型并不能真实反映真实干扰参数,所以图 5.1 的分量补偿结果不理想。

5.2.3　基于直角台的分量补偿法实验分析

1. 实验方法

实验系统包含 DM-050 三轴磁通门传感器、90 型激光陀螺和加速度计组成的 INS,铝制正六面体、铝制垂直台,质子磁传感器(提供地磁场总量值)、GPS(测量经度、纬度和海拔),笔记本电脑(记录和保存测量结果),数据采集软件和数据处理软件。DM-050 磁通门传感器探头为圆柱形,直径为 48mm,探头长度为 170mm,INS 包含 90 型激光陀螺和加速度计,由薄膜合金包裹,激光陀螺零偏为 0.003(°)/h。薄膜合金外层是铝框,安装螺钉为钢螺栓,正六面体和垂直台在机械上严格要求(图 5.8)。安装和操作过程参见仿真部分。同样采用正六面体和直角台基座实现干扰分量补偿,

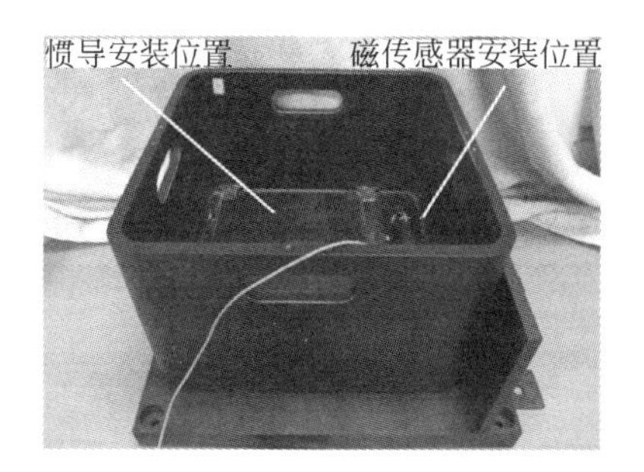

图 5.8 实验系统安装位置

在安装惯导前，正六面体放置在直角台上固定的几个位置，磁传感器测量值作为测量真实值，记录位置和姿态，安装惯导后严格对应转动顺序，根据磁场测量值和真实值计算惯导干扰参数，进行干扰分量补偿。正六面体有6个面，因此总共有24个姿态。无须使用所有姿态，实验中考虑到操作时间，只使用了15个姿态进行参数估计，获得的参数在3D范围内具有代表性。

2. 分量补偿结果

实验测试结果表明，INS磁场干扰达到数千nT，是影响地磁测量系统精度的主要因素。图5.9显示了分量法补偿结果。补偿后，误差分量

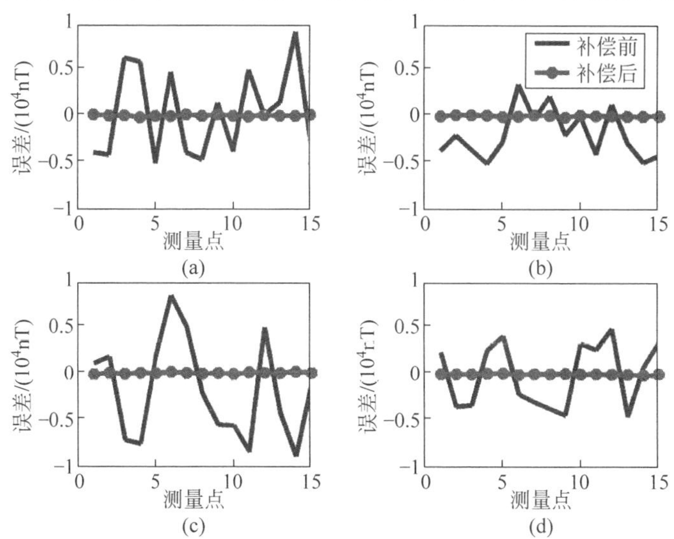

图 5.9 分量补偿法实验结果

(a) 总量补偿结果；(b) X 轴补偿结果；(c) Y 轴补偿结果；(d) Z 轴补偿结果

和总量误差明显减少。X,Y 和 Z 分量的均方根误差分别从 3350.8nT，5833.5nT 和 3544.4nT 减少到 74.9nT，77.6nT 和 60.7nT。此外，总量误差降低约两个数量级。对不同方法补偿结果进行了比较，图 5.10～图 5.12 分别显示了使用不同方法的 X,Y 和 Z 分量补偿结果。

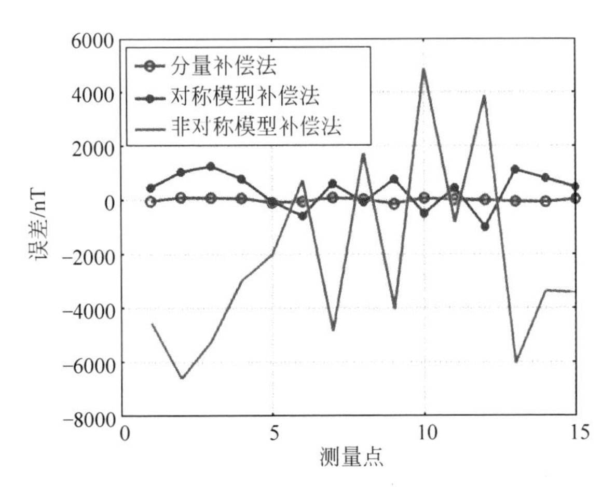

图 5.10　不同补偿方法的 *X* 分量补偿结果

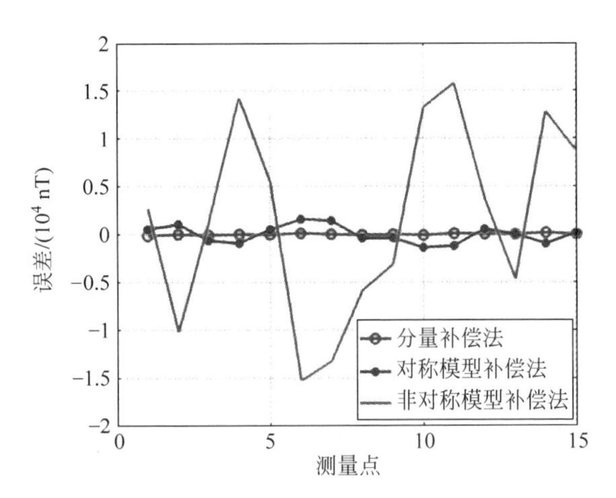

图 5.11　不同补偿方法的 *Y* 分量补偿结果

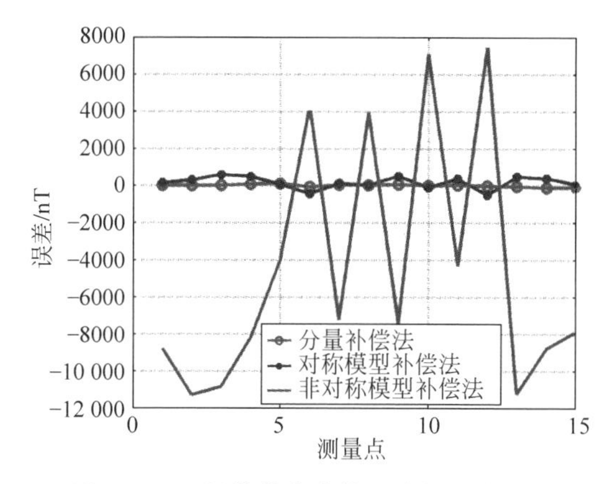

图 5.12　不同补偿方法的 Z 分量补偿结果

5.3　基于相对姿态信息的分量补偿方法

5.2 节提出的基于直角台的分量补偿方法能有效克服总量法无法精确估计干扰参数的不足之处，但是此补偿法需要借助直角台测量分量磁场真实值。在实际使用过程中，需要安装在载体上进行测量，载体会引入新的干扰，导致干扰参数改变，而且相同载体在不同状态下，干扰也可能发生改变，因此直角台法适用于载体干扰小且干扰参数恒定的情况。为了进一步提高实用性，提出基于相对姿态信息的分量补偿法，即利用惯导提供的相对姿态信息进行补偿。

5.3.1　相对姿态补偿法原理

利用多个姿态的磁场测量值和姿态之间的变化量，建立多个方程组，计算干扰参数。在第一个姿态，传感器干扰模型为

$$\begin{bmatrix} H_{ox1} \\ H_{oy1} \\ H_{oz1} \end{bmatrix} = \begin{bmatrix} a_{11} & a_{12} & a_{13} \\ a_{21} & a_{22} & a_{23} \\ a_{31} & a_{32} & a_{33} \end{bmatrix} \begin{bmatrix} \eta_{11} & \eta_{12} & \eta_{13} \\ \eta_{21} & \eta_{22} & \eta_{23} \\ \eta_{31} & \eta_{32} & \eta_{33} \end{bmatrix} \begin{bmatrix} H_{x1} \\ H_{y1} \\ H_{z1} \end{bmatrix} + \begin{bmatrix} H_{px} \\ H_{py} \\ H_{pz} \end{bmatrix} \tag{5.10}$$

其中，H_{x1}，H_{y1}，H_{z1} 为地磁场在第一个姿态下的投影；H_{ox1}，H_{oy1}，H_{oz1} 为第一个姿态下的传感器测量值；η_{11}，…，η_{33} 为非对准误差，由

于非对准角已知，可认为是已知参数；$a_{ij}(i,j=1,2,3)$ 表示感应磁场系数矩阵的元素；$[H_{px} \quad H_{py} \quad H_{pz}]^{\mathrm{T}}$ 表示硬磁三分量，方程右边有15个未知参数。传感器姿态变化后，干扰模型可表示为

$$\begin{bmatrix} H_{ox2} \\ H_{oy2} \\ H_{oz2} \end{bmatrix} = \begin{bmatrix} a_{11} & a_{12} & a_{13} \\ a_{21} & a_{22} & a_{23} \\ a_{31} & a_{32} & a_{33} \end{bmatrix} \begin{bmatrix} \eta_{11} & \eta_{12} & \eta_{13} \\ \eta_{21} & \eta_{22} & \eta_{23} \\ \eta_{31} & \eta_{32} & \eta_{33} \end{bmatrix} \begin{bmatrix} H_{x2} \\ H_{y2} \\ H_{z2} \end{bmatrix} + \begin{bmatrix} H_{px} \\ H_{py} \\ H_{pz} \end{bmatrix} \tag{5.11}$$

姿态变化后，增加了新的未知参数 H_{x2}, H_{y2}, H_{z2}，故无法估计干扰参数。根据惯导提供的相对姿态变化，式(5.12)可表示为

$$\begin{bmatrix} H_{ox2} \\ H_{oy2} \\ H_{oz2} \end{bmatrix} = \begin{bmatrix} a_{11} & a_{12} & a_{13} \\ a_{21} & a_{22} & a_{23} \\ a_{31} & a_{32} & a_{33} \end{bmatrix} \begin{bmatrix} \eta_{11} & \eta_{12} & \eta_{13} \\ \eta_{21} & \eta_{22} & \eta_{23} \\ \eta_{31} & \eta_{32} & \eta_{33} \end{bmatrix} \begin{bmatrix} \Delta B_{11} & \Delta B_{12} & \Delta B_{13} \\ \Delta B_{21} & \Delta B_{22} & \Delta B_{23} \\ \Delta B_{31} & \Delta B_{32} & \Delta B_{33} \end{bmatrix} \begin{bmatrix} H_{x1} \\ H_{y1} \\ H_{z1} \end{bmatrix} + \begin{bmatrix} H_{px} \\ H_{py} \\ H_{pz} \end{bmatrix} \tag{5.12}$$

其中，H_{x2}, H_{y2}, H_{z2} 为地磁场在第二个姿态下的投影；$H_{ox2}, H_{oy2}, H_{oz2}$ 为第二个姿态下的传感器测量值；$\Delta B_{11}, \cdots, \Delta B_{33}$ 为姿态变化。根据多个姿态变化，建立多个非线性方程组，可估计软磁和硬磁参数。

5.3.2 基于相对姿态信息的分量补偿法实验分析

实验系统与5.4节相同，在空间多个姿态进行测量，获取多个姿态下磁场测量值。相对姿态补偿法实验结果如图5.13所示，补偿后，X、Y 和 Z 分量的均方根误差分别从3536.2nT，5935.4nT和3030.9nT减少到138.6nT，176.9nT和150.7nT。此外，总量均方根误差从4785.1nT降低到66.6nT。说明相对姿态法能有效补偿惯导干扰。

与5.2节中提出的直角台法相比，基于相对姿态信息分量补偿法无须制作直角台，也无须严格紧靠直角台的烦琐操作，具有更高的实用性。但是估计参数过程为非线性过程，由于待估参数较多，初始值选择对参数估计结果有一定影响。

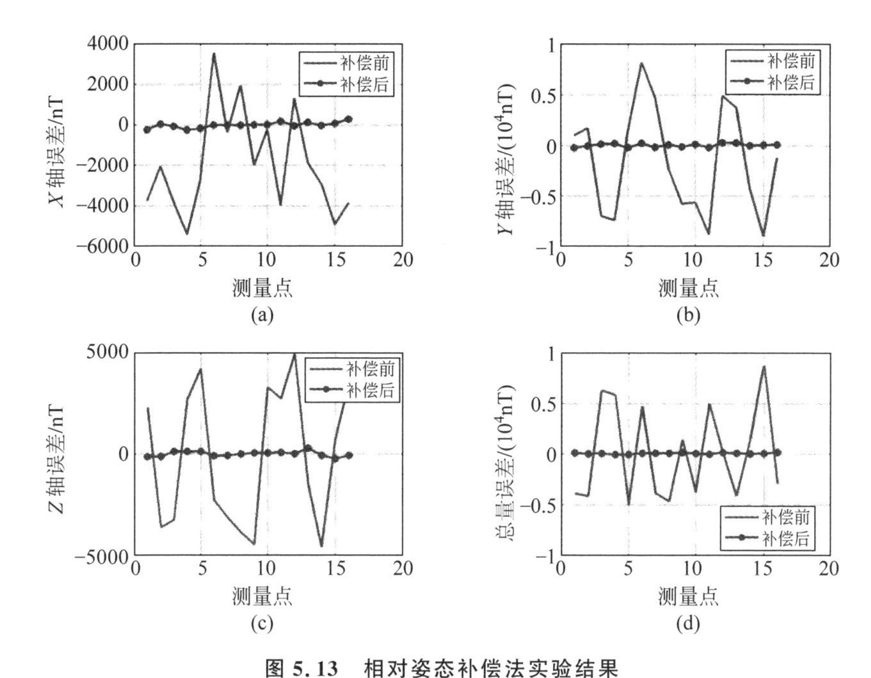

图 5.13　相对姿态补偿法实验结果

(a) X 轴误差；(b) Y 轴误差；(c) Z 轴误差；(d) 总量误差

5.4　基于基准地磁信息的分量补偿方法

本节提出基于地磁信息的分量补偿法，查询全球地磁模型，借助当地地磁信息进行分量补偿，无须直角台法的烦琐操作，也无须解高维度的非线性方程组。基于地磁信息的分量补偿法在参数求解过程中属于线性求解。

5.4.1　基于地磁信息的干扰模型

利用当地地磁信息和各点测量姿态，可获取磁传感器坐标系的地磁投影真值，从而建立线性方程组计算干扰参数。根据前面分析可知，三轴磁传感器干扰模型可表示为

$$\begin{bmatrix} H_{ox} \\ H_{oy} \\ H_{oz} \end{bmatrix} = \begin{bmatrix} a_{11} & a_{12} & a_{13} \\ a_{21} & a_{22} & a_{23} \\ a_{31} & a_{32} & a_{33} \end{bmatrix} \begin{bmatrix} H_{Ex} \\ H_{Ey} \\ H_{Ez} \end{bmatrix} + \begin{bmatrix} H_{px} \\ H_{py} \\ H_{pz} \end{bmatrix} \tag{5.13}$$

其中，$[H_{ox} \quad H_{oy} \quad H_{oz}]^{\mathrm{T}}$ 表示三轴磁传感器输出；$[H_{Ex} \quad H_{Ey} \quad H_{Ez}]^{\mathrm{T}}$

为载体坐标系下的当地地磁场的三分量；$a_{ij}(i,j=1,2,3)$ 表示感应磁场系数矩阵的元素；$[H_{px}\quad H_{py}\quad H_{pz}]^{\mathrm{T}}$ 表示硬磁三分量。

载体在姿态变化的过程中，地磁场在载体坐标系下的三分量是变化的，与载体在运动过程中相对于地理坐标系的偏航角、横滚角和俯仰角三个角度的变化相关，则可通过惯导测得载体的偏航角、横滚角和俯仰角来表示地磁场在载体坐标系下的三分量，如式(5.14)所示：

$$\begin{bmatrix} H_{Ex} \\ H_{Ey} \\ H_{Ez} \end{bmatrix} = \begin{bmatrix} \eta_{11} & \eta_{12} & \eta_{13} \\ \eta_{21} & \eta_{22} & \eta_{23} \\ \eta_{31} & \eta_{32} & \eta_{33} \end{bmatrix} \begin{bmatrix} T_{11} & T_{12} & T_{13} \\ T_{21} & T_{22} & T_{23} \\ T_{31} & T_{32} & T_{33} \end{bmatrix} \begin{bmatrix} H_{ex} \\ H_{ey} \\ H_{ez} \end{bmatrix} \tag{5.14}$$

其中，

$$\begin{cases} T_{11} = \cos\theta_1 \cos\varphi_1 \\ T_{12} = -\cos\phi_1 \sin\varphi_1 + \sin\phi_1 \sin\theta_1 \sin\varphi_1 \\ T_{13} = \sin\phi_1 \sin\varphi_1 + \cos\phi_1 \sin\theta_1 \cos\varphi_1 \\ T_{21} = \cos\theta_1 \sin\varphi_1 \\ T_{22} = \cos\phi_1 \cos\varphi_1 + \sin\phi_1 \sin\theta_1 \sin\varphi_1 \\ T_{23} = -\sin\phi_1 \cos\varphi_1 + \cos\phi_1 \sin\theta_1 \sin\varphi_1 \\ T_{31} = -\sin\theta_1 \\ T_{32} = \sin\phi_1 \cos\theta_1 \\ T_{33} = \cos\phi_1 \cos\theta_1 \end{cases} \tag{5.15}$$

其中，$\phi_1,\theta_1,\varphi_1$ 为惯导坐标系相对地理参考坐标系的偏航角、横滚角和俯仰角；$\eta_{11},\cdots,\eta_{33}$ 为非对准误差矩阵元素，为已知参数；$[H_{Ex}\quad H_{Ey}\quad H_{Ez}]$ 为地磁场在载体坐标系下的三分量；$[H_{ex}\quad H_{ey}\quad H_{ez}]$ 为当地地理参考坐标系下的地磁场三分量，可通过全球地磁模型获得。式(5.16)中惯导姿态矩阵元素与非对准误差矩阵元素合并，可转化为

$$\begin{bmatrix} H_{Ex} \\ H_{Ey} \\ H_{Ez} \end{bmatrix} = \begin{bmatrix} B_{11} & B_{12} & B_{13} \\ B_{21} & B_{22} & B_{23} \\ B_{31} & B_{32} & B_{33} \end{bmatrix} \begin{bmatrix} H_{ex} \\ H_{ey} \\ H_{ez} \end{bmatrix} \tag{5.16}$$

将式(5.16)代入式(5.13)，可得：

$$\begin{aligned} H_{ox} = {} & a_{11}(B_{11}H_{ex} + B_{12}H_{ey} + B_{13}H_{ez}) + \\ & a_{12}(B_{21}H_{ex} + B_{22}H_{ey} + B_{23}H_{ez}) + \\ & a_{13}(B_{31}H_{ex} + B_{32}H_{ey} + B_{33}H_{ez}) + H_{px} \end{aligned} \tag{5.17}$$

$$H_{oy}=a_{21}(B_{11}H_{ex}+B_{12}H_{ey}+B_{13}H_{ez})+a_{22}(B_{21}H_{ex}+B_{22}H_{ey}+B_{23}H_{ez})+a_{23}(B_{31}H_{ex}+B_{32}H_{ey}+B_{33}H_{ez})+H_{py} \tag{5.18}$$

$$H_{oz}=a_{31}(B_{11}H_{ex}+B_{12}H_{ey}+B_{13}H_{ez})+a_{32}(B_{21}H_{ex}+B_{22}H_{ey}+B_{23}H_{ez})+a_{33}(B_{31}H_{ex}+B_{32}He_{y}+B_{33}H_{ez})+H_{pz} \tag{5.19}$$

以 X 分量为例，介绍补偿系数的求法。设定：

$$M_1=B_{11}H_{ex}+B_{12}H_{ey}+B_{13}H_{ez} \tag{5.20}$$

$$M_2=B_{21}H_{ex}+B_{22}H_{ey}+B_{23}H_{ez} \tag{5.21}$$

$$M_3=B_{31}H_{ex}+B_{32}H_{ey}+B_{33}H_{ez} \tag{5.22}$$

$$M_4=1 \tag{5.23}$$

M_1,M_2,M_3,M_4 与姿态角 ϕ,θ,φ 有关，式(5.17)可表示为

$$H_{ox}=a_{11}M_1+a_{12}M_2+a_{13}M_3+H_{px}M_4 \tag{5.24}$$

5.4.2 补偿原理

相关法是航磁补偿领域中广泛应用的一种线性方程组求解法，首先介绍相关基本原理。对于一个线性系统离散信号测量值，可表示如下：

$$y(n)=a\cdot x(n) \tag{5.25}$$

其中，n 为测量点。对离散信号测量值进行积分可得到：

$$\sum_{n=1}^{n=N}y(n)=\sum_{n=1}^{n=N}a\cdot x(n) \tag{5.26}$$

对离散信号进行相关：

$$\sum_{n=1}^{n=N}y(n)x(n)=\sum_{n=1}^{n=N}a\cdot x(n)x(n) \tag{5.27}$$

可利用相关计算系数：

$$\langle x(n),y(n)\rangle=a=\frac{\sum_{n=1}^{n=N}y(n)x(n)}{\sum_{n=1}^{n=N}x(n)x(n)} \tag{5.28}$$

式(5.24)两边同时与 M_1 相关，可得：

$$\langle H_{ox},M_1\rangle=a_{11}\langle M_1,M_1\rangle+a_{12}\langle M_2,M_1\rangle+a_{13}\langle M_3,M_1\rangle+H_{px}\langle M_4,M_1\rangle \tag{5.29}$$

式(5.29)可表示为

$$W_1 = a_{11}D_{11} + a_{12}D_{12} + a_{13}D_{13} + H_{px}D_{14} \tag{5.30}$$

其中，

$$\begin{cases} W_1 = \langle H_{ox}, M_1 \rangle \\ D_{11} = \langle M_1, M_1 \rangle \\ D_{12} = \langle M_2, M_1 \rangle \\ D_{13} = \langle M_3, M_1 \rangle \\ D_{14} = \langle M_4, M_1 \rangle \end{cases} \tag{5.31}$$

分别与 M_1, M_2, M_3, M_4 相关，可得到式(5.32)：

$$\begin{cases} W_1 = a_{11}D_{11} + a_{12}D_{12} + a_{13}D_{13} + H_{px}D_{14} \\ W_2 = a_{11}D_{21} + a_{12}D_{22} + a_{13}D_{23} + H_{px}D_{24} \\ W_3 = a_{11}D_{31} + a_{12}D_{32} + a_{13}D_{33} + H_{px}D_{34} \\ W_4 = a_{11}D_{41} + a_{12}D_{42} + a_{13}D_{43} + H_{px}D_{44} \end{cases} \tag{5.32}$$

根据式(5.32)，可计算 X 轴干扰参数：

$$\begin{bmatrix} a_{11} \\ a_{12} \\ a_{13} \\ H_{px} \end{bmatrix} = \begin{bmatrix} D_{11} & D_{12} & D_{13} & D_{14} \\ D_{21} & D_{22} & D_{23} & D_{24} \\ D_{31} & D_{32} & D_{33} & D_{34} \\ D_{41} & D_{42} & D_{43} & D_{44} \end{bmatrix}^{-1} \begin{bmatrix} W_1 \\ W_2 \\ W_3 \\ W_4 \end{bmatrix} \tag{5.33}$$

同理，可通过 Y 轴的分量输出相关，求得 $a_{21}, a_{22}, a_{23}, H_{py}$。通过 Z 轴的分量输出相关，可以求得 $a_{31}, a_{32}, a_{33}, H_{pz}$。补偿模型表示为

$$\begin{bmatrix} H_{Ex} \\ H_{Ey} \\ H_{Ez} \end{bmatrix} = \begin{bmatrix} a_{11} & a_{12} & a_{13} \\ a_{21} & a_{22} & a_{23} \\ a_{31} & a_{32} & a_{33} \end{bmatrix}^{-1} \begin{bmatrix} H_{ox} - H_{px} \\ H_{oy} - H_{py} \\ H_{oz} - H_{pz} \end{bmatrix} \tag{5.34}$$

5.4.3 基于基准地磁信息的分量补偿法仿真分析

假设地磁场为[35 204 −33 177 −2015]nT，干扰参数如下：

$$\begin{bmatrix} a_{11} & a_{12} & a_{13} \\ a_{21} & a_{22} & a_{23} \\ a_{31} & a_{32} & a_{33} \end{bmatrix} = \begin{bmatrix} 1.05 & 0.04 & 0.03 \\ -0.1 & 0.97 & 0.05 \\ 0.04 & -0.09 & 1.05 \end{bmatrix}, \begin{bmatrix} H_{px} \\ H_{py} \\ H_{pz} \end{bmatrix} = \begin{bmatrix} 160 \\ 80 \\ -60 \end{bmatrix}$$

惯导姿态测量误差均值为零，标准差为 0.05°；磁传感器测量噪声均值为零，标准差为 2nT。偏航、俯仰、横滚转动幅度分别达到 70°，130°，100°。估计

参数如下：

$$\begin{bmatrix} a_{11} & a_{12} & a_{13} \\ a_{21} & a_{22} & a_{23} \\ a_{31} & a_{32} & a_{33} \end{bmatrix} = \begin{bmatrix} 1.05 & 0.0401 & 0.0298 \\ -0.1001 & 0.97 & 0.0496 \\ 0.0402 & -0.0895 & 1.05 \end{bmatrix}, \quad \begin{bmatrix} H_{px} \\ H_{py} \\ H_{pz} \end{bmatrix} = \begin{bmatrix} 161.3 \\ 85.6 \\ -56.1 \end{bmatrix}$$

利用估计参数进行干扰补偿，由图 5.14 可知，补偿前误差达到数千 nT，补偿结果如图 5.15 所示，补偿后误差降低到 30nT 以下。残留误差主要原因是惯导姿态测量误差，目前，激光陀螺惯导姿态测量误差精度约为 0.05°。

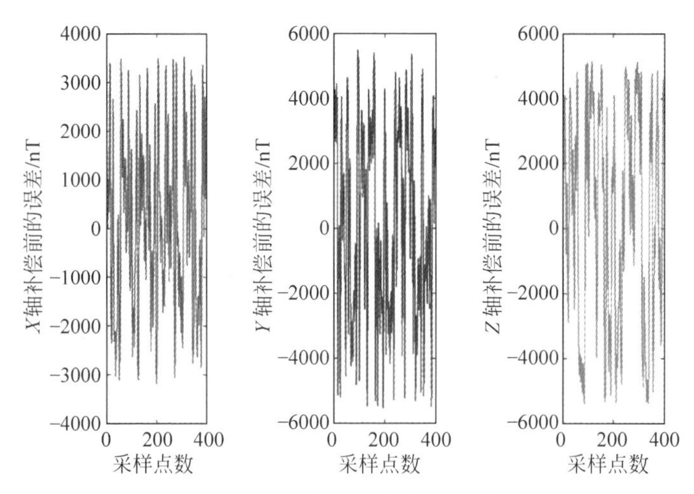

图 5.14　差分补偿前干扰值

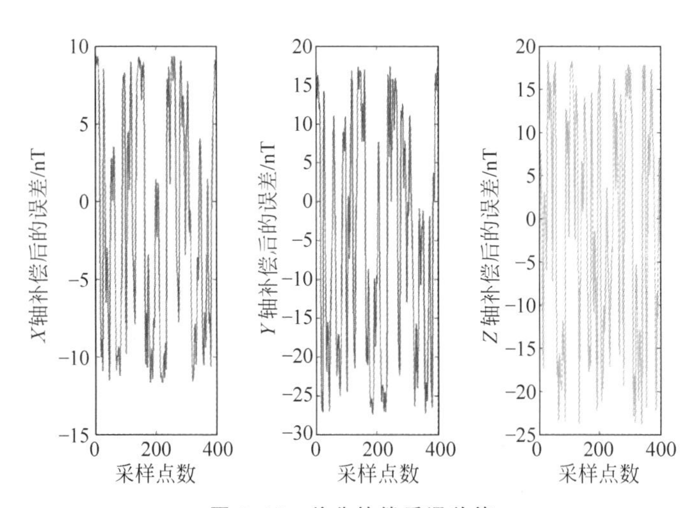

图 5.15　差分补偿后误差值

5.4.4 基于基准地磁信息的分量补偿法实验分析

实验系统与5.4节相同,当地地磁矢量为[35 218 −33 062 −2105]nT,在空间多个姿态进行测量,根据地磁矢量和相应的姿态角,计算出各姿态下磁场真实值,利用相关法进行补偿。补偿结果如图5.16所示,补偿后,X,Y和Z分量的均方根误差分别从3030.9nT,5935.4nT和3536.2nT减少到140.4nT,166.7nT和127.2nT。此外,总量均方根误差从4785.1nT降低到84.8nT。说明基于基准地磁信息的分量补偿法能有效补偿惯导干扰。

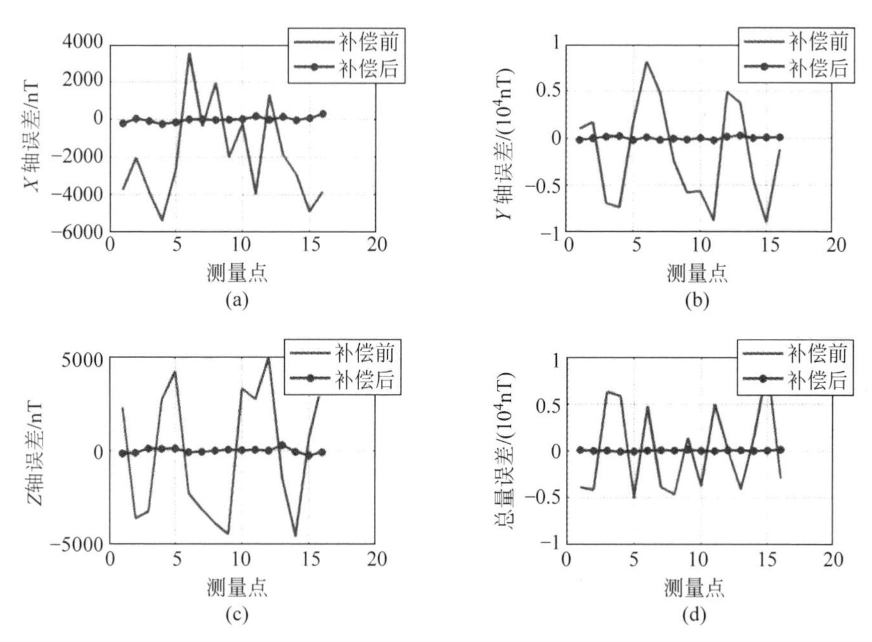

图5.16 基于基准地磁信息的分量补偿法实验结果

(a) X轴误差;(b) Y轴误差;(c) Z轴误差;(d) 总量误差

5.5 几种分量补偿方法对比分析

本节对提出的几种分量补偿方法进行实验结果对比,并且对各种方法优缺点进行归纳总结。使用相同的干扰测量值,分别采用直角台法、相对姿态法和基准地磁信息法进行分量补偿。以磁传感器校正后的分量测量值作为真实值。分量补偿对比结果如图 5.17～图 5.19 所示。

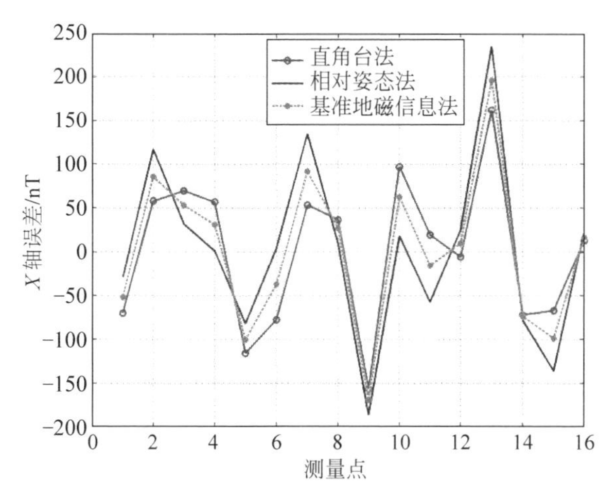

图 5.17　X 轴分量补偿结果比较

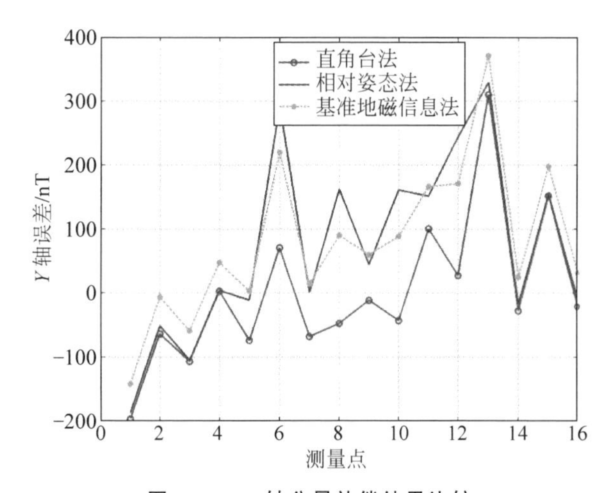

图 5.18　Y 轴分量补偿结果比较

具体数值见表 5.5，可知几种方法均能有效补偿惯导干扰，其中直角台法补偿效果最佳，其次为基准地磁信息法。几种方法优缺点如下：①直角台法无须利用惯导姿态信息和非对准信息，姿态测量误差和非对准校正精度不会影响该方法补偿效果，故补偿效果最佳，但是实验设备更多、操作麻烦。②基准地磁信息法计算参数维数与直角台相同，同样为线性估计，可实现载体干扰一体化分量补偿，但需要借助惯导姿态和当地地磁信息，可在地

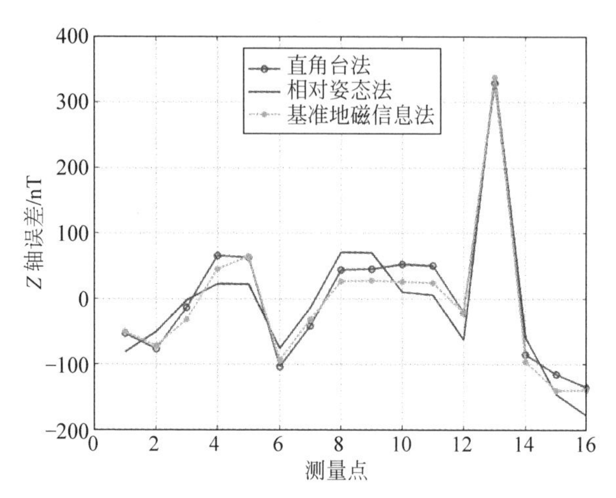

图 5.19 *Z* 轴分量补偿结果比较

磁台站进行补偿。③相对姿态法同样可实现载体干扰一体化分量补偿，但非对准校正精度影响相对姿态法结果，而且相对姿态法需要解非线性方程组，参数维数多，受算法初始参数影响大，故效果略差。

表 5.5 几种分量补偿方法实验对比结果（RMS 误差） 单位：nT

项　　目	*X* 轴	*Y* 轴	*Z* 轴	总量
补偿前	3276.2	5698.5	3462.1	4785.1
直角台法	85.8	116.8	111.6	76.4
相对姿态法	103.3	163.9	116.7	91.5
基准地磁信息法	89.8	148.0	112.7	63.8

5.6 载体运动下的涡流磁干扰一体化补偿研究

载体运动模式下，磁场干扰情况复杂。其他种类的磁干扰，如涡流场，同样需要考虑。当载体在地磁场中运动时，载体上的导体切割磁力线会产生涡流磁场。特别是当载体运动速度较快时，所经过区域的地磁场变化率也会变大，虽然相较于固定磁场和感应磁场而言，涡流磁场的值很小，但对于高精度地磁测量来说，这种影响也不能忽略。涡流场与磁通量改变率成正比，其幅度与载体转动的加速度成比例。此外，电气设备会产生漏磁场和电流磁场，这些磁场影响三轴磁传感器测量。本节提出了一种新的磁补偿方法，不仅包括磁传感器零偏、刻度因子、非正交性，又考虑铁硬磁、软磁、涡流场和低频磁场干扰。由于涡流磁场的大小和磁场的变化率成正比，考虑涡流磁场的影响时，三轴磁传感器的测量模型将发生改变，相应的补偿方法也有所不同。因此，本节将建立考虑涡流磁场时的三轴磁传感器测量模型，然后根据地磁场总量约束条件，建立相应的干扰磁场补偿方法，并进行仿真和实验研究，为进一步涡流分量补偿奠定基础。

5.6.1 涡流补偿模型

涡流场与测量分量变化率相关，涡流一体化综合补偿模型可以表示为

$$\begin{bmatrix} H_x \\ H_y \\ H_z \end{bmatrix} = \begin{bmatrix} q_{11} & q_{12} & q_{13} \\ q_{21} & q_{22} & q_{23} \\ q_{31} & q_{32} & q_{33} \end{bmatrix} \left(\begin{bmatrix} B_x \\ B_y \\ B_z \end{bmatrix} - \begin{bmatrix} b_x \\ b_y \\ b_z \end{bmatrix} - \begin{bmatrix} b_{11} & b_{12} & b_{13} \\ b_{21} & b_{22} & b_{23} \\ b_{31} & b_{32} & b_{33} \end{bmatrix} \begin{bmatrix} \Delta B_x/\Delta t \\ \Delta B_y/\Delta t \\ \Delta B_z/\Delta t \end{bmatrix} \right) \tag{5.35}$$

其中，$\Delta B_x/\Delta t$，$\Delta B_y/\Delta t$，$\Delta B_z/\Delta t$ 是测量向量微分值；$b_{11},\cdots,b_{33}$ 是与涡流场有关的 9 个补偿参数。在一个特定的地理区域，地磁场矢量的大小 $\boldsymbol{h}$ 是一个已知常数。可建立非线性方程：

$$\boldsymbol{h}^{\mathrm{T}}\boldsymbol{h} = (q_{11}N_1 + q_{12}N_2 + q_{13}N_3)^2 + (q_{21}N_1 + q_{22}N_2 + q_{23}N_3)^2 + (q_{31}N_1 + q_{32}N_2 + q_{33}N_3)^2 \tag{5.36}$$

其中，

$$\begin{cases} N_1 = (B_x - b_x) - (b_{11}\Delta B_x/\Delta t + b_{12}\Delta B_y/\Delta t + b_{13}\Delta B_z/\Delta t) \\ N_2 = (B_y - b_y) - (b_{21}\Delta B_x/\Delta t + b_{22}\Delta B_y/\Delta t + b_{23}\Delta B_z/\Delta t) \\ N_3 = (B_z - b_z) - (b_{31}\Delta B_x/\Delta t + b_{32}\Delta B_y/\Delta t + b_{33}\Delta B_z/\Delta t) \end{cases}$$

当得到 N 组测量值时，可建立 N 个非线性方程组，可通过求解非线性方程直接计算补偿参数，采用式（5.35）对磁场干扰进行补偿。

5.6.2 涡流一体化补偿仿真分析

磁场强度的标量值设置为 50 000nT。测量噪声被认为是高斯白噪声，其均值为零，标准偏差为 200pT，采样率为 20Hz。垂直和水平旋转角速度分别为 6(°)/s 和 10(°)/s。本节模型和传统模型补偿方法的参数估计结果见表 5.6 和表 5.7。估计参数与设定参数进行比较。结果表明，所提出模型估计的参数更接近预定参数，而且本模型可估计涡流场磁场补偿参数。

表 5.6　硬磁和软磁综合参数

参　　数	q_{11}	q_{22}	q_{33}	q_{12}	q_{13}	q_{23}
真值	1.05	1.02	0.97	0.04	0.05	0.06
传统方法	1.0549	1.028	0.980	−0.071	0.203	0.1134
本节方法	1.0453	1.0221	0.9719	0.0852	0.0823	0.0607
参　　数	q_{21}	q_{31}	q_{32}	b_x	b_y	b_z
真值	0.07	0.08	0.09	30	25	40
传统方法	0.167	−0.050	0.0579	27.1	44.3	51.6
本节方法	0.0241	0.0460	0.0934	30.1	25.1	40.1

表 5.7　涡流参数

参数	b_{11}	b_{22}	b_{33}	b_{12}	b_{13}	b_{23}	b_{21}	b_{31}	b_{32}
真实值	1.04	1.05	0.96	2×10^{-3}	6×10^{-3}	0.003	0.004	0.007	0.008
传统方法	0	0	0	0	0	0	0	0	0
本节方法	1.037	1.047	0.957	2.002×10^{-3}	5.998×10^{-3}	3.001×10^{-3}	3.993×10^{-3}	6.999×10^{-3}	7.998×10^{-3}

传统方法补偿结果如图 5.20 所示。结果表明，当涡流场被忽视时，补偿误差大。传统方法补偿后，均方根误差从 2838.389nT 减小到 104.018nT，本节方法进一步减少到 0.059nT。旋转角速度对传统方法的影响如图 5.21 所示，补偿误差随转动角速度的增加而增大。一个重要的原因是涡流磁场与旋转角速度有关。如图 5.22 所示，本节方法补偿误差与旋转角速度无关。

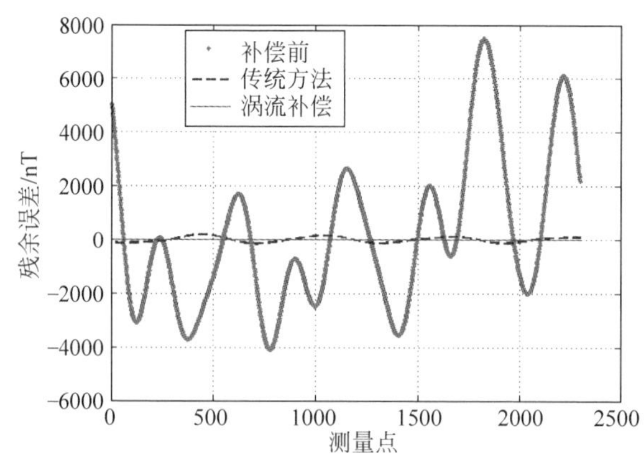

图 5.20　传统方法和本节方法补偿效果

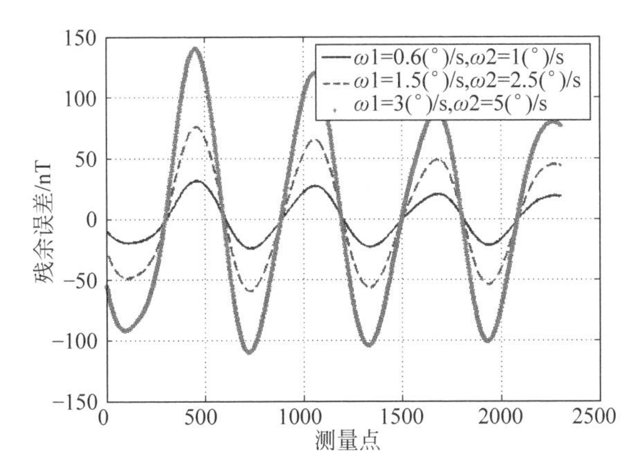

图 5.21 传统模型不同旋转角速率的补偿效果

ω1 和 ω2 分别为垂直和水平旋转角速率

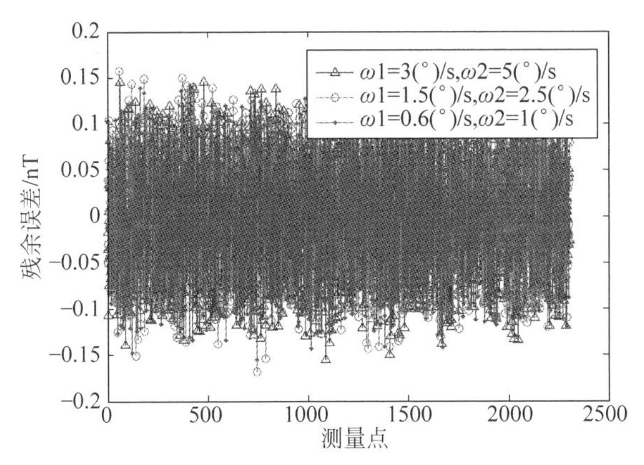

图 5.22 本节模型不同旋转角速率的补偿效果(见文前彩图)

ω1 和 ω2 分别为垂直和水平旋转角速率

5.6.3 涡流一体化补偿实验分析

1. 实验系统

实验地点在郊外大型湖内,实验系统包含一个 DM-050 三轴磁通门磁力仪、质子磁力仪、水下运动载体、数据采集与处理软件。水下载体包括铝合金、不锈钢、锂电池、电机、电力线路、惯性导航系统(INS)和其他设备。质子磁力仪用来提供磁场强度真值。湖中选择一个磁场梯度和干扰小的区域作为水下载体运动范围，质子磁力仪测量的地磁场总强度是 47 155.4nT。运动轨迹由电动机控制，载体以接近 10 马力的速度做弧线运动并转动，转动圈直径大约是 80m。

2. 补偿实验结果

传统方法和本节方法补偿结果如图 5.23 和图 5.24 所示。两者结果相比，可知本节方法补偿误差更小。误差强度和均方根误差在表 5.8 中列出，表明本节补偿方法更有效。补偿后，误差强度从 11 684.013nT 减少到 16.219nT；均方根误差从 7794.604nT 减少到 5.907nT，是传统方法补偿误差的 1/2。

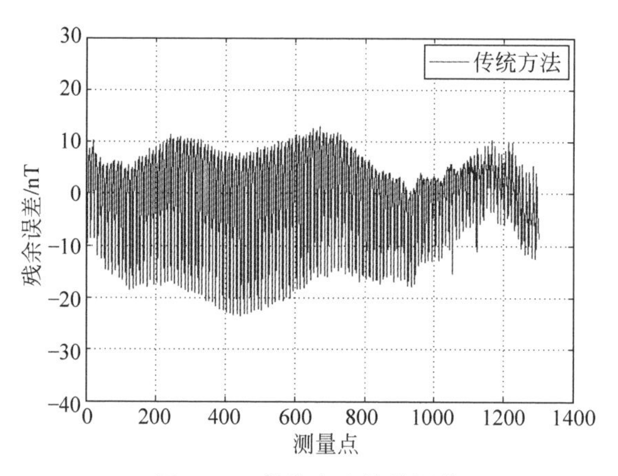

图 5.23　传统方法补偿误差

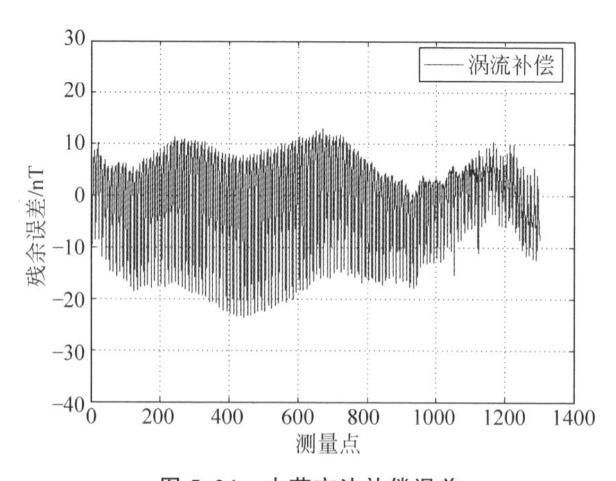

图 5.24　本节方法补偿误差

表 5.8　传统方法和本节方法的补偿效果

误差	误差强度/nT	RMS误差/nT
校正前	11 684.013	7794.604
传统方法	31.027	11.839
本节方法	16.219	5.907

3. 噪声影响分析

如仿真中所示，当噪声标准差为 200pT 时，本节方法补偿性能好。然而，在应用中噪声可能会更大。因此，需要对噪声的影响进行分析。垂直和水平旋转角速度设置为 0.6(°)/s 和 1(°)/s，图 5.25 显示了当噪声标准差为 5nT 时的补偿结果。传统方法补偿后，均方根误差从 2726.726nT 减少到 16.912nT，本节方法进一步减少到 1.483nT，误差强度从 34.676nT 减少到 3.844nT。图 5.26 显示了当噪声标准差为 20nT 时的补偿结果。补偿后，均方根误差从 17.879nT 减少到 5.852nT，误差强度从 45.045nT 减少到 14.491nT。因此，补偿误差随噪声增大而增大。当标准偏差为 20nT 时，仿真结果更接近湖中实验情况。

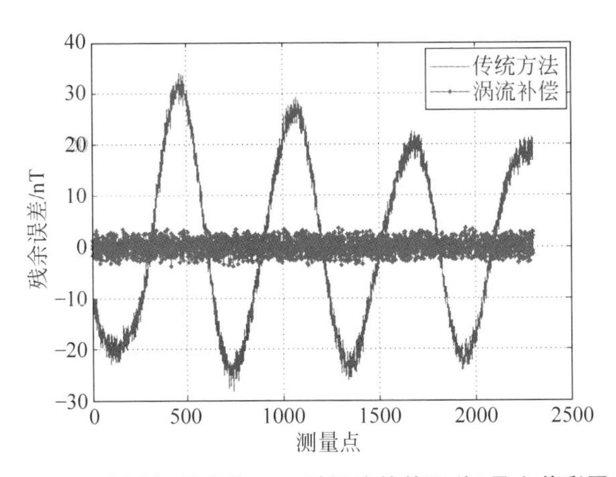

图 5.25　噪声标准差为 5nT 时涡流补偿误差(见文前彩图)

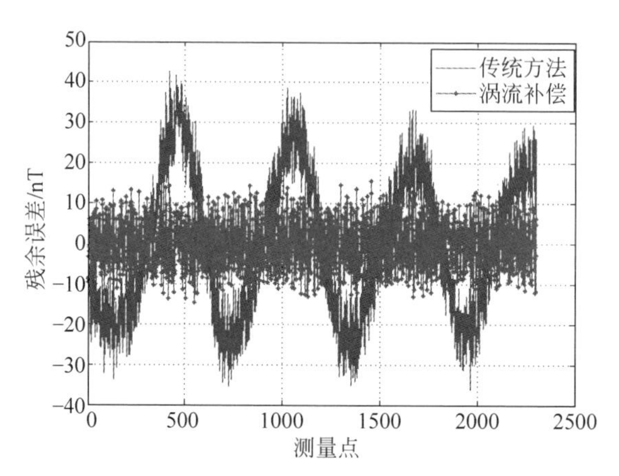

图 5.26 噪声标准差为 20nT 时涡流补偿误差(见文前彩图)

第6章　捷联式地磁矢量测量系统的测试与应用

为了验证捷联式地磁矢量系统性能指标及系统误差处理方法的正确性与有效性，必须对该系统进行性能测试，并进一步验证其在磁异常测量方面的优势。本章对捷联式地磁矢量系统进行三维全姿态测试和小范围动态测试，采用捷联式地磁矢量系统测量磁目标引起的磁总量和矢量异常。

6.1　捷联式地磁矢量测量系统测试

6.1.1　系统构建

地磁矢量系统测试实验设备包含DM-050三轴磁通门传感器（测量地磁场）、捷联惯导（包含90型激光陀螺和加速度计），三轴磁通门传感器与捷联惯导组成地磁矢量系统，GPS（测量经度、纬度和海拔）、正六面体（固定地磁矢量系统）、直角台（放置正六面体）、笔记本电脑（记录和保存测量结果），数据采集软件和处理软件。根据惯导系统手册，激光陀螺零漂优于0.003(°)/h；角度测量分辨率是10^{-4}°；加速度计分辨率为$10^{-6}g$。实验设备如图6.1所示。

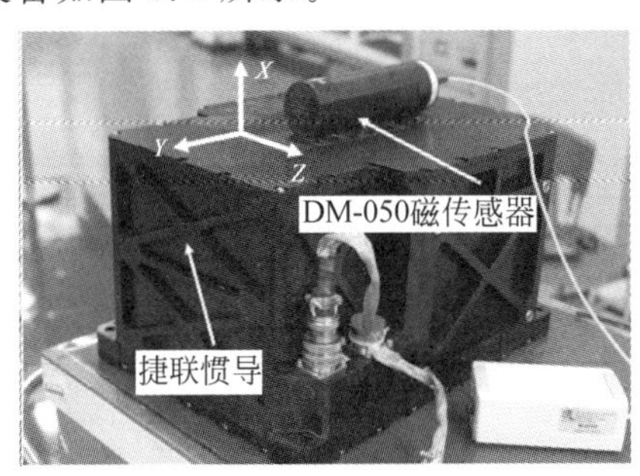

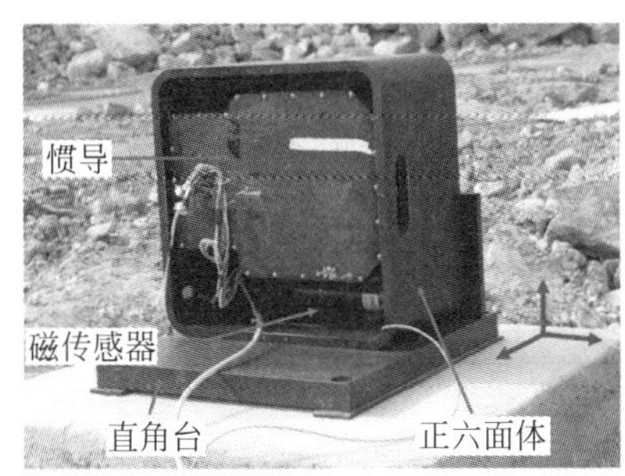

图6.1　实验设备及安装示意图

6.1.2 实验设计与测试

在长沙月亮岛地区进行实验操作，以便于评价测量结果。通过 GPS 得到经度、纬度和海拔高度，利用官方网站查询最新的 11 代国际地磁参考场(IGRF 11)，得到地磁场信息真值。GPS 获取的经度、纬度分别为 113.039°和 28.268°，实验地点海拔约为 80m。IGRF 计算的垂向、北向、东向磁场分别为 35 218nT，−33 062nT 和−2105nT。此外，计算的磁倾角和磁偏角分别为 43.14°和−3.42°。

捷联式地磁矢量系统用于该区域的地磁矢量测量，数据处理流程如下：

(1) 磁传感器校正。

(2) 惯导干扰分量补偿。

(3) 一体化校正、补偿后的测量值，即为地磁场在传感器坐标系下的投影。利用估计的正六面体到磁传感器的非对准角，计算出地磁场在正六面体的投影。

(4) 根据估计的正六面体到惯导的非对准角，计算出地磁场在惯导坐标系下的投影。

(5) 根据惯导提供的姿态角可计算出地磁矢量，并进一步计算各地磁要素。

1. 静态测试

地磁矢量系统固定于正六面体内，在直角台面上进行翻转，地磁矢量系统进行三维姿态变化，即在多个姿态保持静止不动，测量各个姿态的磁场和惯导数据。如表 6.1 所示，记录的横滚角变化范围为 −148.977°～178.421°，偏航角变化范围为−170.530°～152.922°，俯仰角变化范围为−88.055°～88.064°。

表 6.1 静态测量中惯导提供的姿态角

俯仰角/(°)	偏航角/(°)	横滚角/(°)
1.7855	152.8827	1.0358
−0.9483	−117.0720	1.6652
−1.5775	−27.1076	−1.0701
88.4129	−27.0549	−1.0887
91.7767	152.9223	1.0224
33.5074	29.5753	87.9918

续表

俯仰角/(°)	偏航角/(°)	横滚角/(°)
−148.9780	32.0231	88.0410
−88.2415	152.8572	1.0821
−91.6002	−27.0768	−1.0274
−33.3801	−150.4960	−88.0213
149.0402	−148.0780	−88.0210
89.0265	−116.9920	1.6454
−56.5975	29.6752	88.0518
−88.8485	62.9562	−1.6483
57.3859	−149.7680	−88.0519

图 6.2 显示了地理北向、天向和东向的地磁矢量测量值。补偿前，测量误差达几千 nT。图 6.3 显示了补偿前的磁倾角测量误差。图 6.4 和图 6.5 显示了补偿后的地磁矢量和磁倾角测量误差。补偿后，北向、天向和东向均方根误差分别从 4437.1nT，4235.7nT 和 4684.8nT 减少到 92.8nT，85.4nT 和 160.9nT，分别对应原来的 2.09%，2.0% 和 3.4%。磁倾角和磁偏角均方根误差分别从 4.610°和 7.183°减少到 0.118°和 0.262°，经过校正补偿，

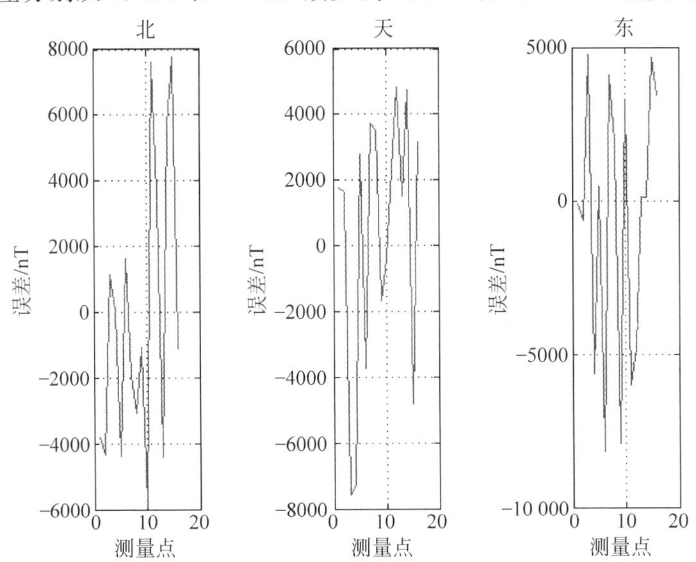

图 6.2　校正补偿前地磁矢量测量误差

提高了地磁矢量系统测量精度。

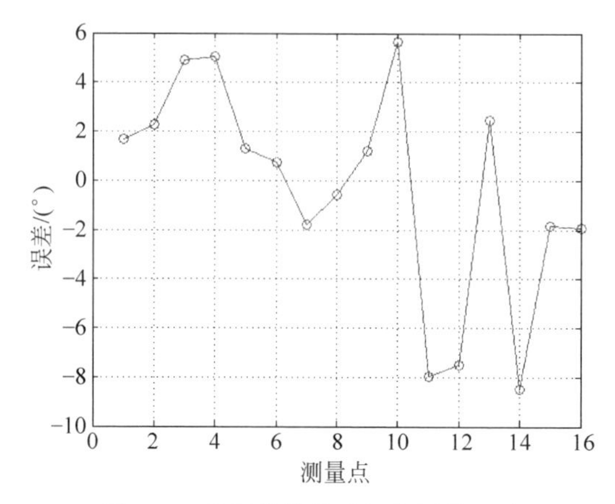

图 6.3　校正补偿前磁倾角测量误差

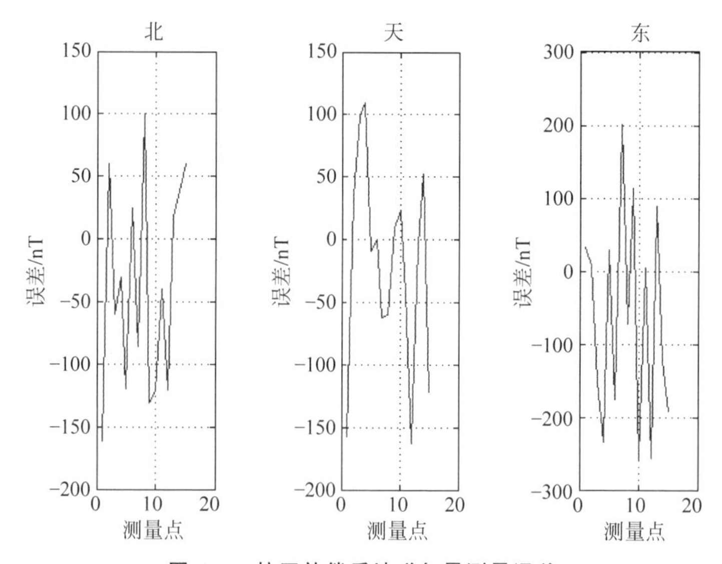

图 6.4　校正补偿后地磁矢量测量误差

在三维全姿态变化情况下，本次实验测量的地磁北向和垂向矢量基本在±150nT，天向矢量基本在±200nT，磁倾角误差基本在±0.25°范围内，磁偏角误差基本在±0.4°范围内，从原理和实验上实现了地磁矢量测量。

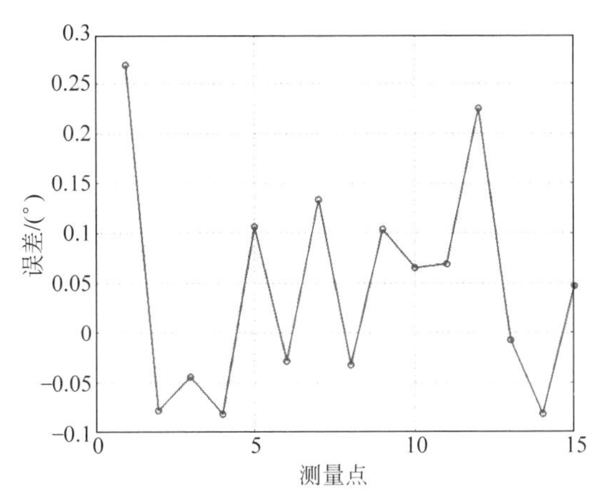

图 6.5 校正补偿后磁倾角测量误差

2. 动态测试

地磁矢量动态测量中，姿态无须严格要求，地磁矢量系统从某个姿态转动到另一个姿态，转动过程中磁传感器与惯导连续采样，俯仰角和横滚角变化不大，记录的偏航角从77.4891°变化到−27.1076°，数据连续采样，补偿前后磁倾角测量结果如图6.6和图6.7所示，说明地磁矢量系统能实时测量磁倾角。校正补偿后，磁倾角均方根误差从4.119°减小到0.107°。由于惯导与磁传感器采样时间存在不一致情况，导致某些测量数据出现毛刺现象，这些毛刺点数据可当作粗大误差。如果去掉明显的毛刺数据，校正性能会更好。

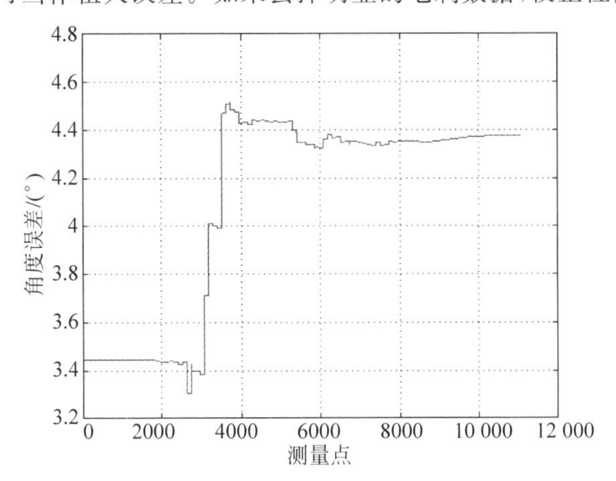

图 6.6 动态测量校正补偿前磁倾角测量误差

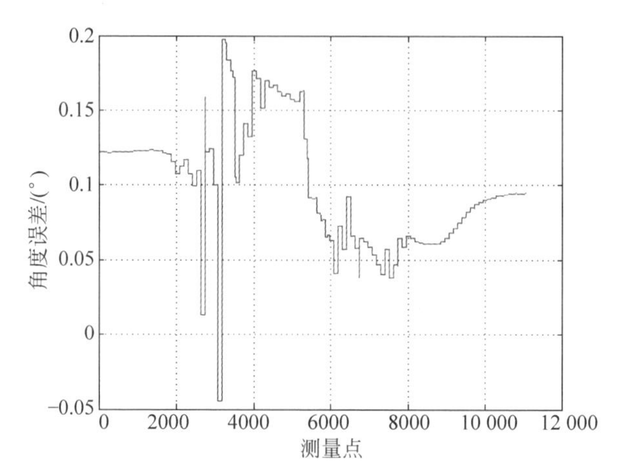

图 6.7 动态测量校正补偿后磁倾角测量误差

6.2 基于地磁矢量系统的区域磁异图绘制

6.2.1 磁异测量仿真

1. 磁异常强度测量分析

假设测试地点为东经 112.9447°、北纬 28.2948°，海拔高度为 80m。地球磁场西向、南向和垂向分别为 2108nT，−35 200nT，−33 135nT。测试地点磁场均匀，磁物体磁矩为[18，−5，53] A·m^2，高度 0.5m 处，磁异常强度分布如图 6.8(a) 所示。然而，磁异常方向各向异性，异常方向与地球

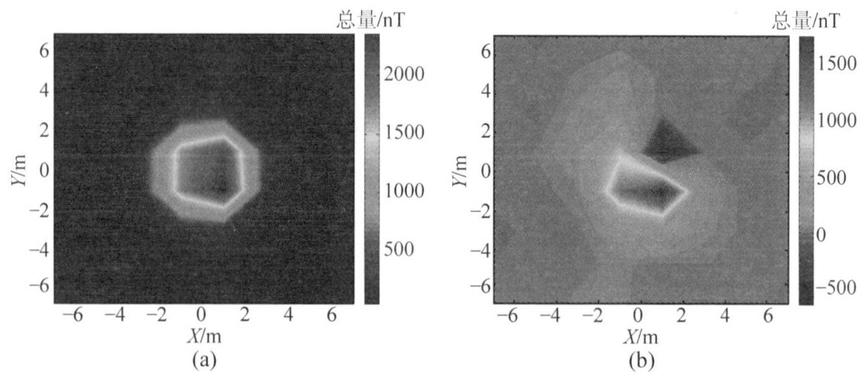

图 6.8 磁异常强度分布(见文前彩图)

(a) 真实分布；(b) 总量传感器测量值

磁场方向难以平行，导致总量磁传感器测量的磁异常强度如图 6.8(b) 所示，从而证明总量测量法的缺点，而地磁矢量系统可以解决此问题。

2. 物体姿态判别分析

图 6.9 和图 6.10 显示了不同姿态下的磁异常矢量和强度。图 6.9(a)、图 6.9(b) 和图 6.9(c) 分别显示磁异常矢量在地理西、南和垂向投影。图 6.9(d)表示磁异常强度。比较图 6.9(d)和图 6.10(d)可知，不同姿态下的磁异常强度相似。因此，难以通过异常强度分析姿态，但异常矢量不同，从而提供更多信息。用异常矢量分析姿态时，可分为两种情况：①当磁矩已知时，判断物体姿态(例如，某种 UXO 或水下航行器磁矩可知)，可通过比较测量的异常矢量和预先设定的数据库来判断姿态。②当目标信息(例如，磁矩和形状)完全未知时，根据地理坐标异常矢量，可分析磁矩在地理坐标系投影。同样，如果异常矢量和强度已知，可以更有效地判断矿产位置和分布。

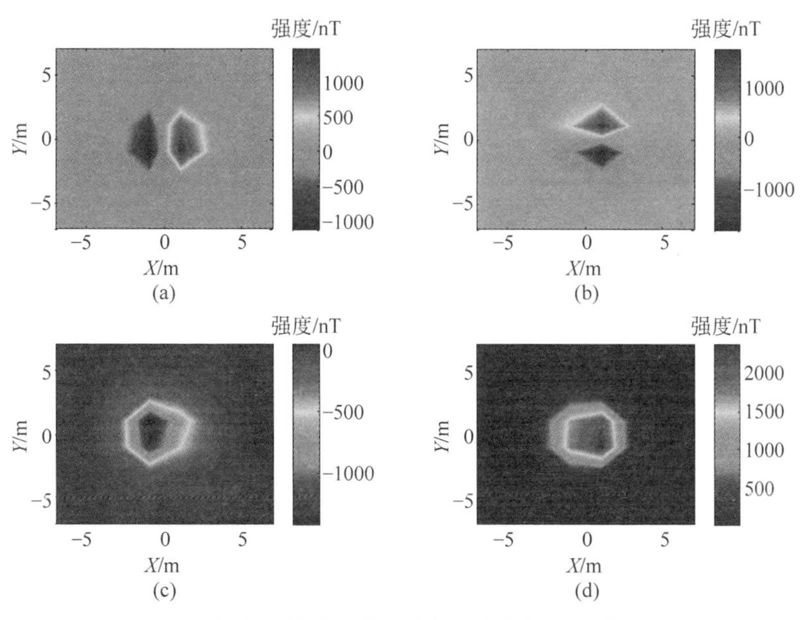

图 6.9 姿态 1 的磁异常矢量和强度分布(见文前彩图)

(a) 地理西磁异常矢量；(b) 地理南磁异常矢量；

(c) 地理垂向磁异常矢量；(d) 磁异常强度

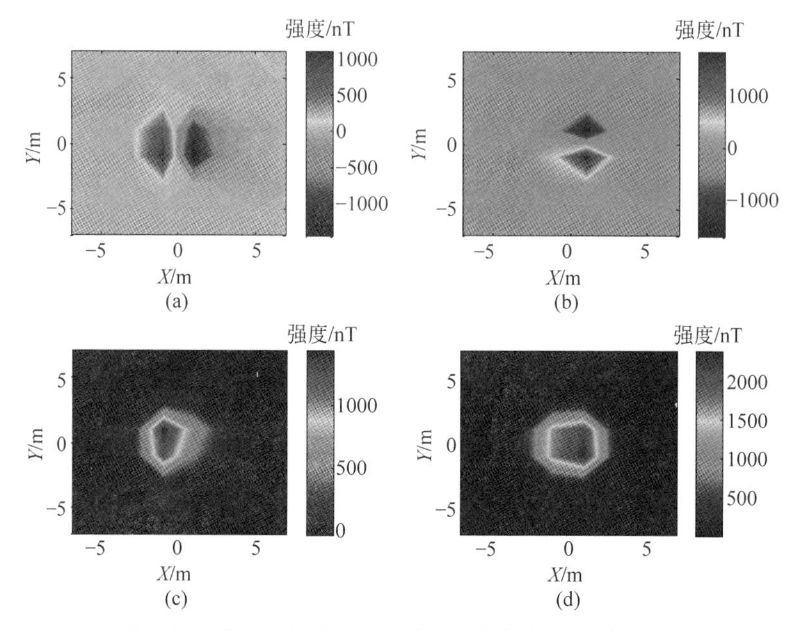

图 6.10 姿态 2 的磁异常向量和强度分布(见文前彩图)

(a) 地理西磁异常矢量;(b) 地理南磁异常矢量;(c) 地理垂向磁异常矢量;(d) 磁异常强度

6.2.2 磁异测量实验

1. 磁异测量实验系统

在长沙月亮岛地区进行磁异常测量实验。利用质子磁力仪寻找一块磁场均匀地区,磁场梯度小于 2nT/m,磁性物体放置于该区域中心。根据磁传感器阵列测量,该物体磁矩为[18,−5,53] A·m^2。放置物体前,地磁矢量系统测量值作为基准值,放置物体后,绘制当地磁异常图,并进行物体姿态分析。图 6.11 显示了实验测量设备。

实验系统包含长方体磁目标、地磁场矢量测量仪(测量磁异常)、无磁性移动设备、便携式电脑(保存和处理数据)和 12V 电源。物体位置作为测量坐标原点,测量网格之间距离为 2m。实验中,磁物体水平放置,长边平行于东西向(记录姿态)。

2. 磁异强度测量结果

采用地磁矢量系统进行磁异常强度测量,校正补偿前测量结果如

图 6.11　磁异常绘制实验设备

图 6.12 所示，与图 6.8(a)比较可知，磁异常分布与真实分布存在差异，校正补偿前误差达到上万 nT。校正补偿后测量结果如图 6.13 所示，磁异常分布规律及数值与仿真一致。

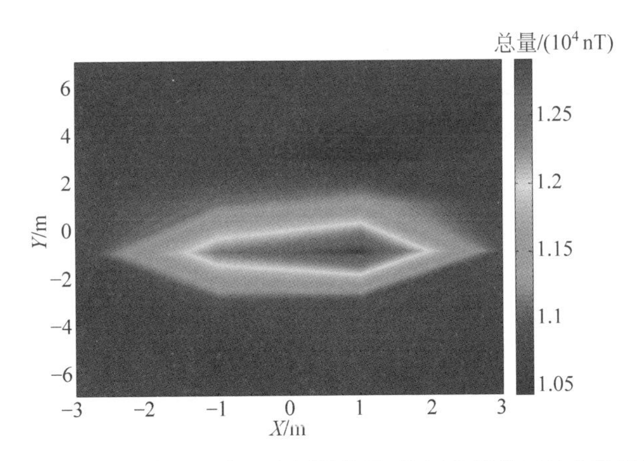

图 6.12　矢量系统磁异常强度测量结果(校正补偿前)(见文前彩图)

3. 磁异矢量测量结果

地磁矢量系统不但能克服 TMI 法不足，绘制磁异常强度分布图，而且能绘制磁异常矢量分布图。根据仿真设置，理论上，磁异常矢量和强度分布如图 6.9 所示。校正补偿前，地磁矢量系统测得的磁异常矢量和强度如图 6.14

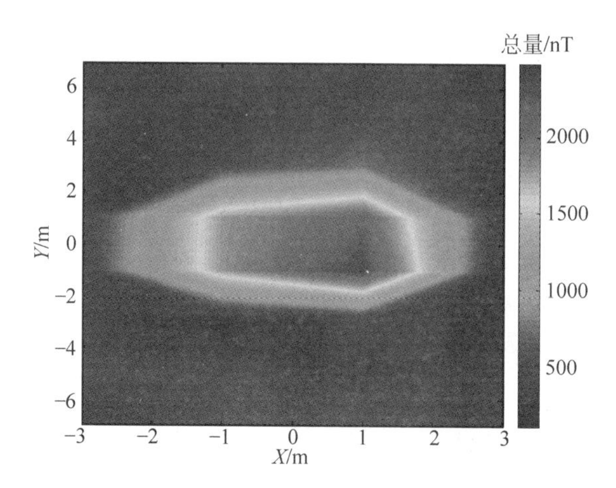

图 6.13 矢量系统磁异常强度测量结果(校正补偿后)(见文前彩图)

所示,图形分布无法反映出磁异常信息。校正补偿后,磁异常矢量和强度分布如图 6.15 所示。比较图 6.15 和图 6.9 可知,实测值与理论值一致。理论值与实测值存在一定差异,有以下几个原因:①磁目标放置姿态与地理坐标系存在一定偏差。②实验中,矢量系统在测量点与仿真计算点存在偏差。

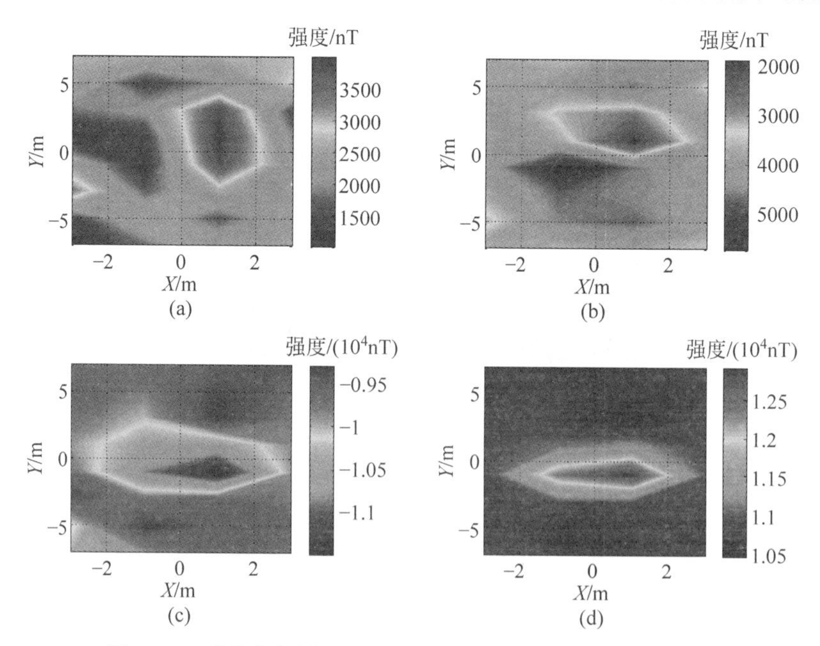

图 6.14 磁异常矢量和强度图(补偿前实测值)(见文前彩图)

(a) 地理西磁异常矢量;(b) 地理南磁异常矢量;(c) 地理垂向磁异常矢量;(d) 磁异常强度

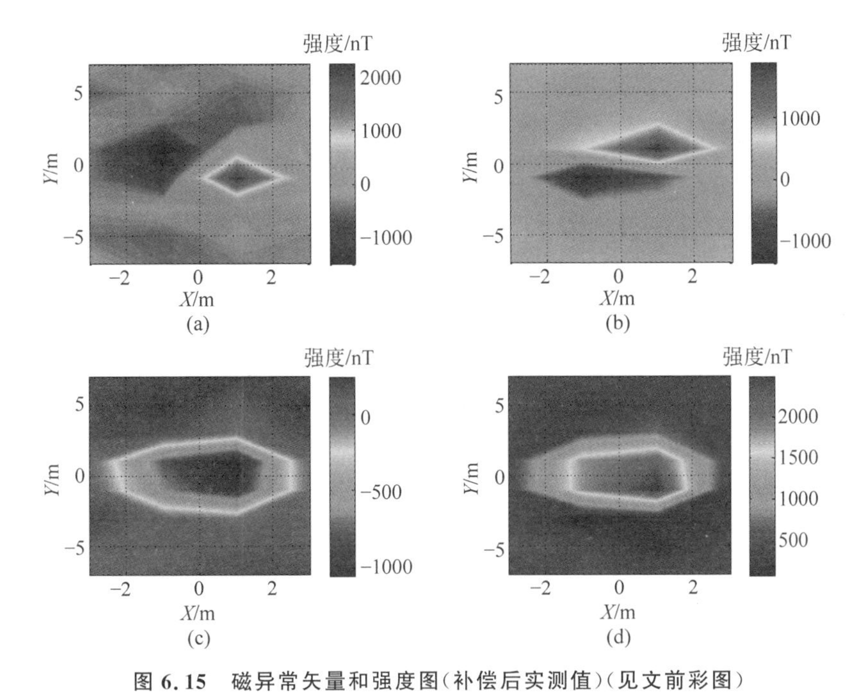

图 6.15　磁异常矢量和强度图(补偿后实测值)(见文前彩图)

(a) 地理西磁异常矢量；(b) 地理南磁异常矢量；(c) 地理垂向磁异常矢量；(d) 磁异常强度

第7章　地磁矢量拓展应用及相关校正补偿研究

磁异常探测可以分为两个层次，第一个层次是检测，即判断目标的有无；第二个层次是定位，即确定目标的位置。通过实时测量磁矢量与磁梯度张量，将矢量与张量测量值统一到系统坐标，结合两者测量值可实现主动式实时定位。主动式磁目标定位系统需要同时测量磁梯度张量和地磁矢量，需要磁传感器阵列和捷联惯导地磁矢量测量系统，制约其实用性的主要问题是系统各类误差。

7.1　主动式磁目标定位系统设计及其工作原理

一种基于磁梯度张量和地磁矢量的运动式定位方法，采用惯导系统和磁传感器阵列进行磁目标定位，主动式磁目标定位系统设计及其工作原理如图7.1所示，包括以下步骤：

(1) 将磁传感器阵列和惯导系统安置在无磁运动装置上，并保持磁传感器阵列和惯导系统在同一个平面上，所述磁传感器阵列由N个磁传感器组成，N为整数，选取平面上一点为坐标中心，建立阵列坐标系，坐标轴表示为X轴、Y轴、Z轴；所述N个磁传感器至坐标中心的距离相等，且每个磁传感器的三轴方向均保持一致，并与阵列坐标系X轴、Y轴、Z轴对应平行；保持惯导系统坐标系与阵列坐标系三轴方向平行。

(2) 在无磁异常区域，获取任一个磁传感器测量值，利用惯导系统输出的姿态角，计算地理坐标系下的地磁场矢量值。

(3) 无磁运动装置移动在磁目标区域，获取磁传感器阵列中N个磁传感器测量值和惯导系统输出的姿态角。

(4) 利用在无磁运动装置移动状态下的惯导系统输出的姿态角，将所述地理坐标系的地磁场矢量值转换到阵列坐标系下的地磁场分量值。

(5) 根据N个磁传感器测量值，计算阵列坐标系下的磁梯度张量，并计算阵列坐标系下的磁异常分量与地磁场分量的叠加值，结合阵列坐标系下的地磁场分量值，计算出阵列坐标系下的磁异常分量。

(6) 根据阵列坐标系下的磁梯度张量和磁异常分量，计算出在阵列坐标系下的磁目标位置。

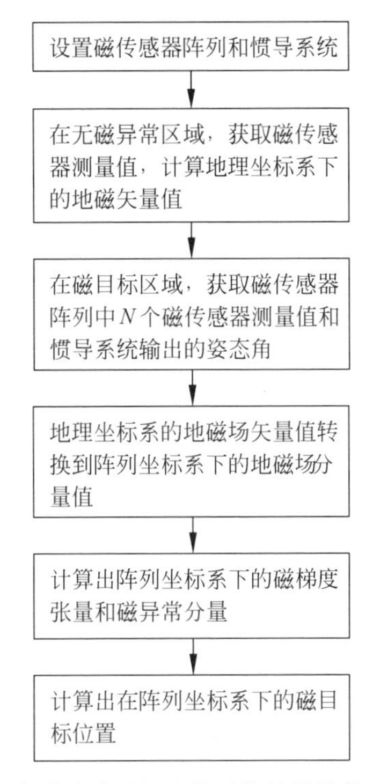

图7.1 主动式磁目标定位系统设计及其工作原理

上述步骤(2)的计算过程为

$$\begin{bmatrix} e_x \\ e_y \\ e_z \end{bmatrix} = \begin{bmatrix} \cos\theta\cos\Psi & -\cos\phi\sin\Psi+\sin\phi\sin\theta\sin\Psi & \sin\phi\sin\Psi+\cos\phi\sin\theta\cos\Psi \\ \cos\theta\sin\Psi & \cos\phi\cos\Psi+\sin\phi\sin\theta\sin\Psi & -\sin\phi\cos\Psi+\cos\phi\sin\theta\sin\Psi \\ -\sin\theta & \sin\phi\cos\theta & \cos\phi\cos\theta \end{bmatrix} \times \begin{bmatrix} h_{x1} \\ h_{y1} \\ h_{z1} \end{bmatrix} \tag{7.1}$$

其中，h_{x1}，h_{y1}，h_{z1} 为磁传感器测量值；e_x，e_y，e_z 为地理坐标系的地磁场矢量值；Ψ，θ，ϕ 为惯导系统输出的姿态角。所述步骤(4)的计算过程为

$$\begin{bmatrix} H_{x0} \\ H_{y0} \\ H_{z0} \end{bmatrix} = \begin{bmatrix} \cos\theta_1\cos\Psi_1 & -\cos\phi_1\sin\Psi_1+\sin\phi_1\sin\theta_1\sin\Psi_1 & \sin\phi_1\sin\Psi_1+\cos\phi_1\sin\theta_1\cos\Psi_1 \\ \cos\theta_1\sin\Psi_1 & \cos\phi_1\cos\Psi_1+\sin\phi_1\sin\theta_1\sin\Psi_1 & -\sin\phi_1\cos\Psi_1+\cos\phi_1\sin\theta_1\sin\Psi_1 \\ -\sin\theta_1 & \sin\phi_1\cos\theta_1 & \cos\phi_1\cos\theta_1 \end{bmatrix}^{-1} \times \begin{bmatrix} e_x \\ e_y \\ e_z \end{bmatrix} \tag{7.2}$$

其中，H_{x0}，H_{y0}，H_{z0} 表示阵列坐标系下的地磁场矢量值；e_x，e_y，e_z 为地理坐标系的地磁场矢量值；Ψ_1，θ_1，ϕ_1 为运动过程中惯导输出的姿态角。

磁传感器的个数 N 取值为 4，步骤(5)的计算过程为：阵列坐标系下磁梯度张量为

$$\begin{cases} G_{xx}=(B_{x1}-B_{x3})/(2d) \\ G_{xy}=(B_{x4}-B_{x2})/(2d) \\ G_{xz}=(B_{z1}-B_{z3})/(2d) \\ G_{yx}=G_{xy} \\ G_{yy}=(B_{y4}-B_{y2})/(2d) \\ G_{yz}=(B_{z4}-B_{z2})/(2d) \\ G_{zx}=G_{xz} \\ G_{zy}=G_{yz} \\ G_{zz}=1-G_{xx}-G_{yy} \end{cases} \tag{7.3}$$

其中，d 表示阵列中心到磁传感器距离；G_{xy}，G_{yy}，G_{zy}，G_{xz}，G_{yz}，G_{zz}，G_{xx}，G_{yx}，G_{zx} 表示阵列坐标系下的磁梯度张量的 9 个元素；(B_{x1},B_{y1},B_{z1})，(B_{x2},B_{y2},B_{z2})，(B_{x3},B_{y3},B_{z3})，(B_{x4},B_{y4},B_{z4}) 分别为 4 个磁传感器的测量值。磁异常分量和地磁场分量值的叠加值 (B_x,B_y,B_z) 在阵列坐标系下表示为

$$\begin{cases} B_x = \dfrac{B_{x1}+B_{x2}+B_{x3}+B_{x4}}{4} \\ B_y = \dfrac{B_{y1}+B_{y2}+B_{y3}+B_{y4}}{4} \\ B_z = \dfrac{B_{z1}+B_{z2}+B_{z3}+B_{z4}}{4} \end{cases} \tag{7.4}$$

进一步计算阵列坐标系下的磁异常分量值(C_x, C_y, C_z)为

$$\begin{bmatrix} C_x \\ C_y \\ C_z \end{bmatrix} = \begin{bmatrix} B_x - H_{x0} \\ B_y - H_{y0} \\ B_z - H_{z0} \end{bmatrix} \tag{7.5}$$

其中，H_{x0}，H_{y0}，H_{z0} 表示阵列坐标系下的地磁场矢量值；(B_{x1}, B_{y1}, B_{z1})，(B_{x2}, B_{y2}, B_{z2})，(B_{x3}, B_{y3}, B_{z3})，(B_{x4}, B_{y4}, B_{z4})分别为4个磁传感器的测量值。进一步地，上述步骤(6)中阵列坐标系下的磁目标位置(L_x, L_y, L_z)的计算过程为

$$\begin{bmatrix} L_x \\ L_y \\ L_z \end{bmatrix} = -3 \begin{bmatrix} G_{xx} & G_{xy} & G_{yz} \\ G_{yx} & G_{yy} & G_{yz} \\ G_{zx} & G_{zy} & G_{zz} \end{bmatrix}^{-1} \begin{bmatrix} C_x \\ C_y \\ C_z \end{bmatrix} \tag{7.6}$$

7.2 基于无磁转台法的磁传感器阵列校正

阵列制备过程中不可避免地存在非对准误差，即传感器坐标系之间存在的不一致误差。对于磁梯度张量测量阵列而言，在完成单个三轴磁传感器的校正后，各传感器之间的坐标系非对准误差就成了影响测量精度的主要误差。在地磁环境下，0.1°的非对准误差可引起几十 nT 的梯度计测量误差。因此需要研究阵列中各传感器坐标系之间的非对准校正方法，以提高阵列的测量精度。另外，阵列的传感器布置由于工艺制造误差可能无法满足在一个平面上，还可能存在相对位置的传感器无法满足垂直，导致梯度测量误差。因此，需要研究其校正方法。

7.2.1 阵列校正原理

阵列主要包含两类误差：①单个传感器误差；②传感器坐标系非对准偏差。阵列校正可以分为两个步骤：①传感器偏移、灵敏度和非正交校正；

②非对准校正。三轴磁传感器校正后,认为传感器是正交的。

非对准误差为磁传感器阵列主要误差(图 7.2)。采用无磁旋转平台(图 7.3)绕其三个轴旋转(X,Y,Z 轴),从而校正非对准误差。当磁传感器固定在无磁旋转平台上时,无磁旋转平台坐标系与磁传感器坐标的关系如式(7.7)所示:

$$[H^x, H^y, H^z] = [H^x_{\mathrm{mag}}, H^y_{\mathrm{mag}}, H^z_{\mathrm{mag}}]\begin{bmatrix} a_{11} & a_{12} & a_{13} \\ a_{21} & a_{22} & a_{23} \\ a_{31} & a_{32} & a_{33} \end{bmatrix} \tag{7.7}$$

其中,

$$\begin{bmatrix} a_{11} & a_{12} & a_{13} \\ a_{21} & a_{22} & a_{23} \\ a_{31} & a_{32} & a_{33} \end{bmatrix} = \begin{bmatrix} \cos\alpha\cos\beta & \sin\alpha\cos\gamma + \cos\alpha\sin\beta\sin\gamma & \sin\alpha\sin\gamma - \cos\alpha\sin\beta\cos\gamma \\ -\sin\alpha\cos\beta & \cos\alpha\cos\gamma - \sin\alpha\sin\beta\sin\gamma & \cos\alpha\sin\gamma + \sin\alpha\sin\beta\cos\gamma \\ \sin\beta & -\cos\beta\sin\gamma & \cos\beta\cos\gamma \end{bmatrix} \tag{7.8}$$

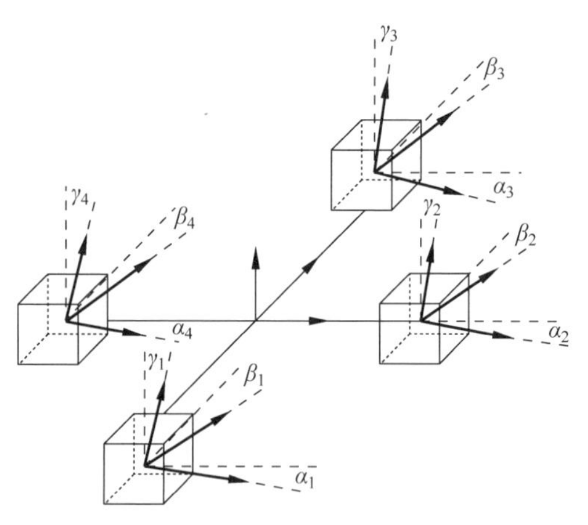

图 7.2 磁传感器阵列的非对准误差

无磁旋转平台坐标作为基准坐标系,H^x, H^y, H^z 是磁场在无磁旋转平台坐标上的投影。$H^x_{\mathrm{mag}}, H^y_{\mathrm{mag}}, H^z_{\mathrm{mag}}$ 是磁传感器校正后的数据,α, β, γ 是磁传感器到无磁旋转平台之间的偏差角。计算出偏差角后,可以校正磁传感器坐标系偏差。首先,无磁旋转平台绕 X 轴旋转。在理想情况下,旋

转过程中 H_{mag}^{x} 是恒定的。然而,由于偏差影响,H_{mag}^{x} 是正弦波。在旋转过程中,无磁旋转平台 X 轴测量值可以表示为

$$H^{x}=(H_{mag}^{x})_{k}a_{11}+(H_{mag}^{y})_{k}a_{21}+(H_{mag}^{z})_{k}a_{31},\quad k=1,2,\cdots,N \tag{7.9}$$

其中,

$$\begin{cases}a_{11}=\cos\alpha\cos\beta\\ a_{21}=-\sin\alpha\cos\beta\\ a_{31}=\sin\beta\end{cases} \tag{7.10}$$

N 为数据个数。结合式(7.9)和式(7.10),令式(7.11)中 $F=0$,可估计偏差角 α,β(非线性最小二乘法):

$$F=\sum_{k=1}^{N}\{[(H_{mag}^{x})_{k}a_{11}+(H_{mag}^{y})_{k}a_{21}+(H_{mag}^{z})_{k}a_{31}]-H^{x}\}^{2} \tag{7.11}$$

当绕 Y 轴转动时,Y 轴矢量测量值可以表示为

$$H^{y}=(H_{mag}^{x})_{k}a_{12}+(H_{mag}^{y})_{k}a_{22}+(H_{mag}^{z})_{k}a_{32},\quad k=1,2,\cdots,N \tag{7.12}$$

$$\begin{cases}a_{12}=\sin\alpha\cos\gamma+\cos\alpha\sin\beta\sin\gamma\\ a_{22}=\cos\alpha\cos\gamma-\sin\alpha\sin\beta\sin\gamma\\ a_{32}=-\cos\beta\sin\gamma\end{cases} \tag{7.13}$$

采用相同方式,可估计偏差角 α,β,γ。当绕 Z 轴转动时,Z 轴测量数据表示为

$$H^{z}=(H_{mag}^{x})_{k}a_{13}+(H_{mag}^{y})_{k}a_{23}+(H_{mag}^{z})_{k}a_{33},\quad k=1,2,\cdots,N \tag{7.14}$$

其中,

$$\begin{cases}a_{13}=\sin\alpha\sin\gamma-\cos\alpha\sin\beta\cos\gamma\\ a_{23}=\cos\alpha\sin\gamma+\sin\alpha\sin\beta\cos\gamma\\ a_{33}=\cos\beta\cos\gamma\end{cases} \tag{7.15}$$

同样,可估计偏差角 α,β,γ。如图7.2所示,磁传感器1,2,3,4的偏差角分别为 α_1,β_1,γ_1,α_2,β_2,γ_2,α_3,β_3,γ_3,α_4,β_4,γ_4。理论上讲,如果无磁旋转平台绕 Y 轴和 Z 轴,则可计算偏差角。然而,磁传感器阵列可能以任何姿态布置。为了在3D上准确估计,最好使用绕三轴旋转的所有数据。使用相同的方法,得到了所有磁传感器偏差角。当偏差角度已知后,可以通

过式(7.9)、式(7.12)和式(7.14)校正磁传感器各轴非对准误差。

7.2.2 校正实验设计

实验系统包括一个磁传感器阵列(由4个DM-050三轴磁通门传感器组成)、一个GSM-19T质子传感器(提供磁场的标量值)、一个无磁旋转平台(改变磁传感器阵列的姿态)、两个笔记本电脑(记录并保存测量结果)、一个12V-DC便携式电源装置(用于磁传感器和电脑供电)、数据采集软件STL GradMag(程序用LabVIEW)和数据处理软件(MATLAB 2010编写)。DM-050磁传感器和阵列的中心之间的距离是20cm(图7.3)。阵列固定在无磁旋转平台上,平台分别绕 X,Y 和 Z 轴转动。旋转平台角度不严格要求,旋转角度同样不严格要求。采样率为20Hz,每个旋转点连续测量磁场1min,平均值作为测量值,有助于减少测量噪声。校正后磁传感器阵列用于磁性物体的定位,磁物体是一个15mm×75mm×55mm大小的磁铁。阵列的中心为原点,采用直接反演方法进行定位。

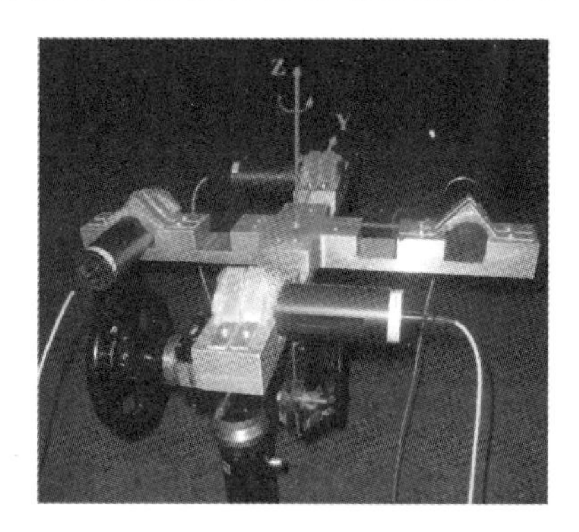

图7.3 磁传感器阵列(由4个三轴磁通门传感器DM-050构成)

7.2.3 校正与定位实验结果

1. 阵列误差校正结果

磁传感器的估计偏差角见表7.1。根据该DM-050磁通门传感器手册,非正交角度误差小于0.01°。然而,磁传感器之间的偏差角可达1°(表7.1)。因此,磁传感器阵列的主要误差是传感器非对准误差。理论上,所计算的参数应该具有良好的通用性。因此,对计算参数进行通用性测试。

表 7.1　4 个磁传感器的偏离角　单位：°

磁传感器 1			磁传感器 2			磁传感器 3			磁传感器 4		
α_1	β_1	γ_1	α_2	β_2	γ_2	α_3	β_3	γ_3	α_4	β_3	γ_4
0.293	−0.279	−0.696	0.309	−0.443	−0.454	−1.527	0.538	−0.704	−0.419	−1.722	−0.601

阵列绕三个轴转动的测量数据全部用于校正。为了评估磁传感器之间的非对准校正效果，磁传感器 1 坐标系作为标准参考坐标系，磁传感器 2 的 X 轴非对准校正结果如图 7.4 所示。以图 7.4 为例，校正前，磁传感器 1 和磁传感器 2 的 X 轴分量差异为正弦波。当偏差角度已知后，校正磁传感器之间的非对准误差。校正后，正弦波得到抑制。Y 轴、Z 轴非对准校正结果类似，从而证明该方法的有效性。校正后，X,Y,Z 轴的均方根误差分别由 802.216nT，360.407nT 和 688.741nT 降低到 9.065nT，15.154nT 和 16.524nT。表 7.2 显示了其他磁传感器的非对准校正结果。

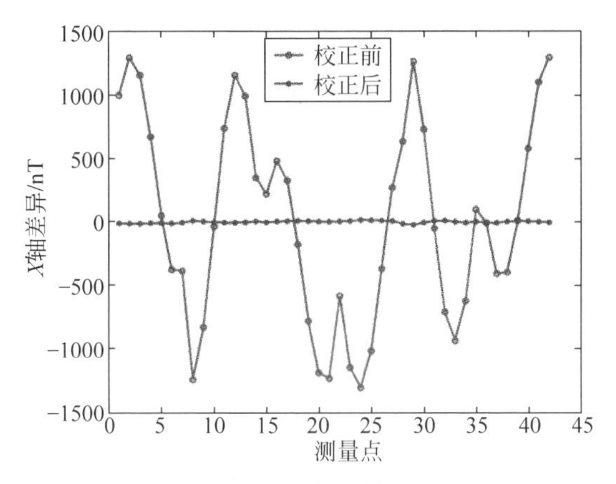

图 7.4　校正前后的 X 轴非对准误差

表 7.2　传感器非对准误差校正结果(RMS 误差)　单位：nT

误差	磁传感器 2			磁传感器 3			磁传感器 4		
	X	Y	Z	X	Y	Z	X	Y	Z
校前	802.216	360.407	688.741	954.785	873.102	394.492	79.268	162.376	121.748
校后	9.065	15.154	16.524	17.242	17.065	10.527	20.596	13.849	12.841

2. 定位结果

校正后阵列可用于磁目标定位，定位公式如下：

$$\begin{bmatrix} x \\ y \\ z \end{bmatrix} = -3 \begin{bmatrix} G_{xx} & G_{xy} & G_{yz} \\ G_{yx} & G_{yy} & G_{yz} \\ G_{zx} & G_{zy} & G_{zz} \end{bmatrix}^{-1} \begin{bmatrix} P_x \\ P_y \\ P_z \end{bmatrix} \tag{7.16}$$

其中，x，y，z 是阵列坐标系下的目标位置；G_{xx}，…，G_{zz} 是校正后阵列测量的磁梯度张量；P_x，P_y，P_z 是阵列测量的磁异常分量。物体距离阵列 X-Y 平面 1.2m(图 7.5)，分别距离 X 轴和 Y 轴 0.81m 和 1m。表 7.3 显示了定位结果，X，Y 和 Z 轴估计误差分别为 6.2%，1% 和 1.6%。测量和估计的模量值分别为 1.76m 和 1.73m，则模量误差为 0.03m(1.7%)。校正前，定位结果不可靠，因为该阵列的非对准误差被误认为是磁目标信号。

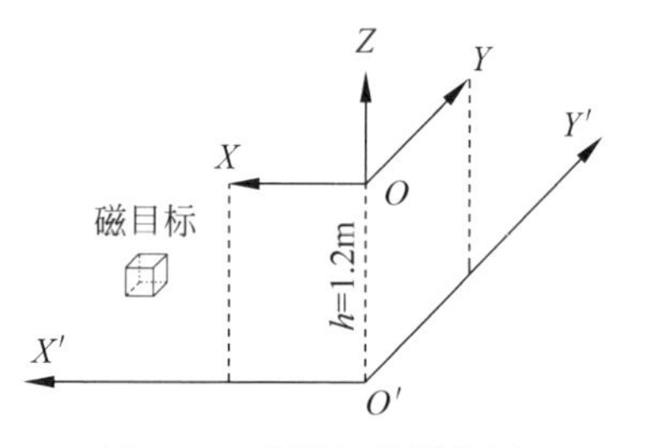

图 7.5 磁目标放置位置

表 7.3 测试目标定位结果

项目	位置		
	X/m	Y/m	Z/m
测量坐标系	0.81	1.00	−1.2
校正前估计值	−0.67	0.78	−0.64
校正后估计值	0.76	1.01	−1.18

7.3 磁传感器阵列干扰综合补偿

主动式定位系统中，磁传感器阵列不仅存在非对准误差，而且受到惯导、螺钉等物体的磁干扰影响。如第 5 章所述，标量补偿方法的基本约束原理是，补偿后的标量值应接近已知磁场的标量。因此，这些方法适用于补偿标量而非分量，阵列需要测量分量和张量，因此标量补偿方法同样难以适用。本节对阵列误差和干扰误差进行综合补偿。磁传感器阵列在两种情况下进行磁性目标定位：静态和动态。

7.3.1 综合分量补偿与定位理论

考虑干扰，综合补偿模型可以表示为

$$\begin{bmatrix} H_x \\ H_y \\ H_z \end{bmatrix} = \begin{bmatrix} 1+\alpha_{xx} & \alpha_{xy} & \alpha_{xz} \\ \alpha_{yx} & 1+\alpha_{yy} & \alpha_{yz} \\ \alpha_{zx} & \alpha_{zy} & 1+\alpha_{zz} \end{bmatrix} \begin{bmatrix} k_1\cos\alpha & k_2\cos\gamma\sin\beta & 0 \\ 0 & k_2\cos\gamma\cos\beta & 0 \\ k_1\sin\alpha & k_2\sin\gamma & k_3 \end{bmatrix} \begin{bmatrix} B_x - b_x \\ B_y - b_y \\ B_z - b_z \end{bmatrix} + \begin{bmatrix} b_{x1} \\ b_{y1} \\ b_{z1} \end{bmatrix} \tag{7.17}$$

其中，H_x,H_y,H_z 是磁场真值；B_x,B_y,B_z 是磁场测量值；k_1,k_2,k_3 分别是 X 轴、Y 轴和 Z 轴比例因子；b_x,b_y,b_z 是 X 轴、Y 轴和 Z 轴偏移量；α,β,γ 是非正交误差。$1+\alpha_{ii}$ 代表软磁比例，其中 i 和 j 是 X,Y 或 Z，可以理解为比例常数。α_{xy} 不一定等于 α_{yx}；α_{yz} 不一定等于 α_{zy}；α_{zx} 不一定等于 α_{xz}。b_{x1},b_{y1},b_{z1} 分别是 X 轴、Y 轴和 Z 轴硬磁偏移。式(7.17)中的综合补偿模型可表示为

$$\begin{bmatrix} H_x \\ H_y \\ H_z \end{bmatrix} = \begin{bmatrix} T_{11} & T_{12} & T_{13} \\ T_{21} & T_{22} & T_{23} \\ T_{31} & T_{32} & T_{33} \end{bmatrix} \begin{bmatrix} B_x - b_{x2} \\ B_y - b_{y2} \\ B_z - b_{z2} \end{bmatrix} \tag{7.18}$$

根据式(7.18)，磁传感器 1 补偿模型可以表示为

$$\boldsymbol{H}_1 = \boldsymbol{M}_1(\boldsymbol{B}_1 - \boldsymbol{b}_1) \tag{7.19}$$

对于磁传感器 2，补偿模型可以表示为

$$\boldsymbol{H}_2 = \boldsymbol{M}_2(\boldsymbol{B}_2 - \boldsymbol{b}_2) \tag{7.20}$$

理论上，两个磁传感器补偿分量是相同的，即式(7.19)等于式(7.20)：

$$\boldsymbol{M}_2(\boldsymbol{B}_2 - \boldsymbol{b}_2) = \boldsymbol{M}_1(\boldsymbol{B}_1 - \boldsymbol{b}_1) \tag{7.21}$$

考虑到非对准误差，式(7.21)关系式可以表示为

$$\boldsymbol{R}_2\boldsymbol{M}_2(\boldsymbol{B}_2 - \boldsymbol{b}_2) = \boldsymbol{M}_1(\boldsymbol{B}_1 - \boldsymbol{b}_1) \tag{7.22}$$

$\boldsymbol{R}_2$ 是 1 和 2 之间的非对准矩阵。式(7.22)可转化为

$$\boldsymbol{B}_1 = (\boldsymbol{M}_1)^{-1}\boldsymbol{R}_2\boldsymbol{M}_2(\boldsymbol{B}_2 - \boldsymbol{b}_2) + \boldsymbol{b}_1 \tag{7.23}$$

式(7.23)可以表示为

$$\boldsymbol{B}_1 = \boldsymbol{Q}\boldsymbol{B}_2 + \boldsymbol{t}_3 \tag{7.24}$$

式(7.24)可以表示为

$$\begin{bmatrix} B_{x1} \\ B_{y1} \\ B_{z1} \end{bmatrix} = \begin{bmatrix} Q_{11} & Q_{12} & Q_{13} \\ Q_{21} & Q_{22} & Q_{23} \\ Q_{31} & Q_{32} & Q_{33} \end{bmatrix} \begin{bmatrix} B_{x2} \\ B_{y2} \\ B_{z2} \end{bmatrix} + \begin{bmatrix} t_{x3} \\ t_{y3} \\ t_{z3} \end{bmatrix} \tag{7.25}$$

式(7.25)可表示为

$$
\begin{cases}
B_{x1} = Q_{11}B_{x2} + Q_{12}B_{y2} + Q_{13}B_{z2} + t_{x3} \\
B_{y1} = Q_{21}B_{x2} + Q_{22}B_{y2} + Q_{23}B_{z2} + t_{y3} \\
B_{z1} = Q_{31}B_{x2} + Q_{32}B_{y2} + Q_{33}B_{z2} + t_{z3}
\end{cases} \tag{7.26}
$$

式(7.26)中有12个未知参数：Q_{11}，Q_{12}，Q_{13}，Q_{21}，Q_{22}，Q_{23}，Q_{31}，Q_{32}，Q_{33}，t_{x3}，t_{y3}，t_{z3}。一组测量值可以建立三个线性方程，因此应该至少有4组测量值。使用相同的流程，补偿阵列其他磁传感器。采用平面交叉阵列，阵列4个磁传感器经过补偿后，可以准确测量磁张量元素。利用张量，通过直接反演法对目标进行定位。

7.3.2 定位实验设计

在长沙郊区，完成磁传感器阵列补偿实验。如图7.6所示，磁传感器阵列由4个三轴磁通门传感器构成(基线为0.15m)。通过计算机以太网接口，对测量数据进行传输和记录。磁传感器放置于阵列平面，磁传感器X轴垂直于平面。十字阵列由铝框构成。传感器安装于间隙，采用铝片螺栓固定。硬磁是直径为10cm的圆磁铁。软磁钢块大小为60mm×60mm×30mm，磁铁和钢块放置于阵列中心。

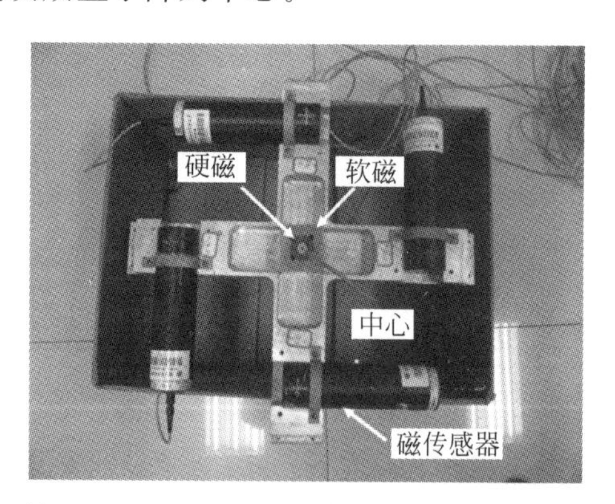

图7.6 三轴磁通门传感器构成的阵列(包括硬铁磁铁和软磁钢块)

为了准确估计综合参数，分别绕阵列的X，Y和Z轴转动。阵列放置水平旋转角度不严格要求。转动过程中，硬磁和软磁固定于阵列框架。根据各传感器测量数据计算干扰参数，然后用于提高定位精度。两种定位实验情况：①静态位置定位；②实时动态定位。定位目标形状为长方体磁铁,长度、宽度、高度分别是 80mm、60mm、14mm。磁梯度张量由阵列测量,磁异常分量由测量值减去地磁场获取。根据直接反演法,计算阵列参考坐标系上的目标位置。

7.3.3　定位实验结果

1. 阵列补偿结果

理论上,误差完全补偿后,测量的磁梯度张量应为零,即不同传感器相同轴之间的差异应为零。图 7.7 显示了 X 轴的差异,补偿前,差异达到数千 nT,被误认为是磁目标信号。补偿后,X,Y 和 Z 轴的均方根误差从 1003.3nT,3032.3nT 和 899.1nT 分别减少到 10.5nT,11.8nT 和 29.1nT。

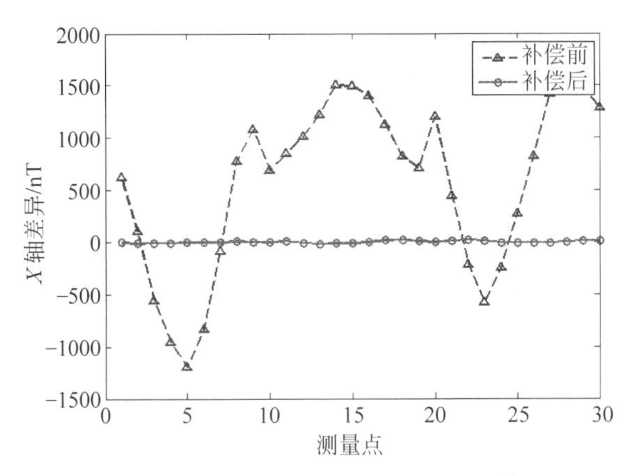

图 7.7　在均匀磁场中阵列磁传感器 *X* 轴差异

2. 静态定位结果

在静态定位情况下,磁目标放置于不同位置。为了评估定位精度,卷尺测量值作为目标真实值。补偿前,定位结果不可靠,因为阵列误差被认为是磁目标信号。硬磁磁铁和软磁钢块成为影响定位精度的主要因素。补偿后,X,Y 和 Z 方向的定位误差分别减少到 0.01m,0.02m 和 0.16m(位置 1)。在位置 2,定位误差由 0.17m,0.28m 和 0.27m 分别降低到 0.03m,0.05m 和 0.14m。因此,该方法可以抑制阵列误差并提高定位精度。

图 7.8 显示了在 Y-Z 平面的静态定位结果，磁目标放置在 $Y+Z=1$ 的轨迹上。补偿前，定位值与测量值相差很大。补偿后，定位结果与测量值一致。图 7.9 显示了在 X 方向的定位结果，其最大误差强度从 0.17m 降低到 0.04m。

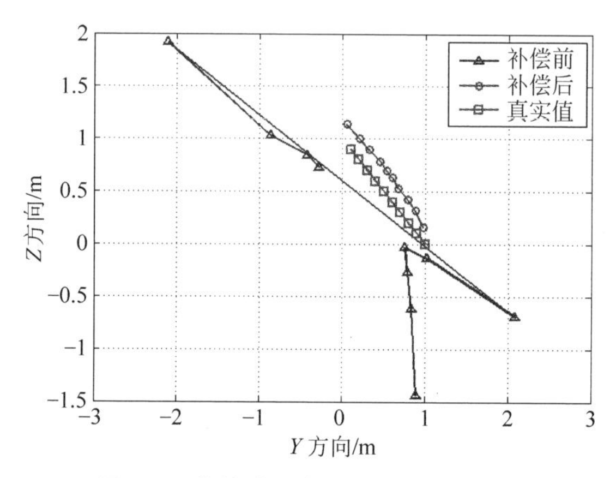

图 7.8　物体放置在 $Y+Z=1$ 轨迹上，在 Y-Z 平面的静态定位结果

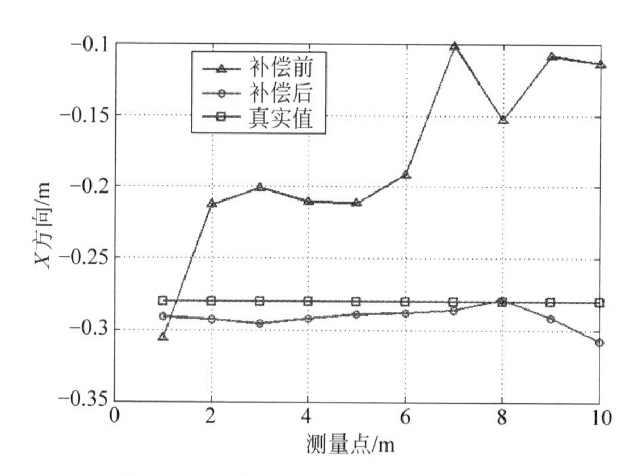

图 7.9　物体放置在 $Y+Z=1$ 轨迹上，在 X 方向的静态定位结果

3. 动态定位结果

目标被放置在 $Y+Z=1$ 的轨迹上，补偿后的阵列用于动态目标定位。

在动态的情况下，所有的磁传感器同步测量磁场，从而可以实时定位。在此情况下，干扰对定位结果的影响更为严重。图 7.10(a)显示在 Y-Z 平面的动态定位结果。没有补偿时，定位结果与真实的运动轨迹不同，误差超过 20m。如图 7.10(b)所示，补偿后，对象的位置可由阵列准确地获取，从而证明向量补偿方法的有效性。图 7.11 显示了在 X 方向的动态定位结果的放大图片。同样地，提高了定位精度，最大误差从 2.47m 降低到 0.05m (2%)。

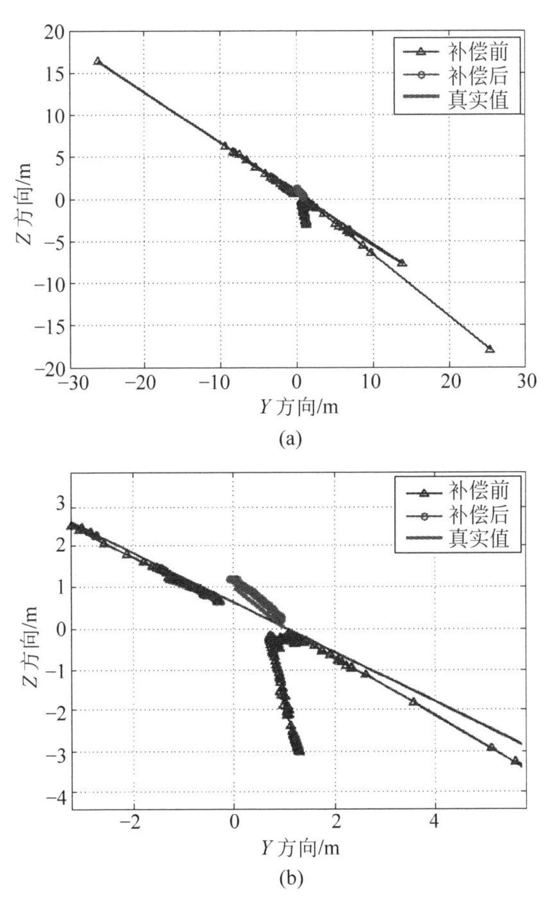

图 7.10　物体放置在 $Y+Z=1$ 轨迹上，Y-Z 平面上的动态定位结果(见文前彩图)

(a) 整个数据图；(b) 局部放大图

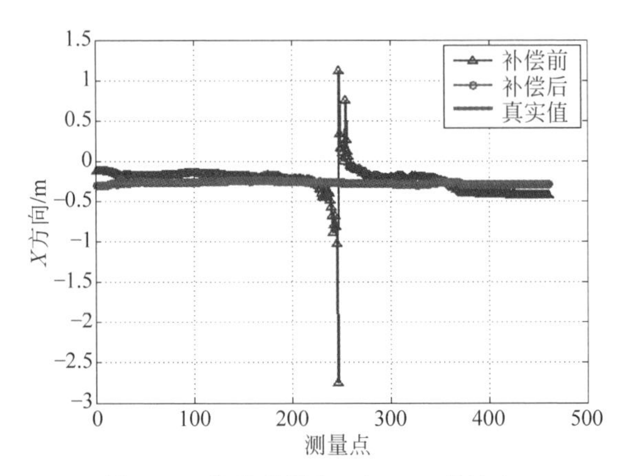

图 7.11 物体放置在 $Y+Z=1$ 轨迹上，

X 方向动态定位结果(放大图片)(见文前彩图)

第8章　总结与展望

8.1　主要研究成果及结论

针对国内缺乏航空和海洋地磁矢量测量系统现状，本书的研究设计了通用性好的捷联式地磁矢量测量系统，分析了误差机理，并解决了其中的磁传感器校正、坐标系非对准校正和惯导干扰分量补偿等关键问题。对校正补偿后的矢量系统进行了测试，并应用到区域磁异常测量，验证了地磁矢量系统在磁异常测量方面的优势。主要结论和创新点有：

(1) 设计了捷联式地磁矢量测量系统，深入分析了系统误差机理，掌握了该系统主次误差因素及具体影响数值，明确了各误差环节的指标要求，为校正补偿提供了理论指导。

地磁矢量测量能有效克服总量传感器测量的不足之处，在磁目标探测、地质勘探、地质结构分析、地球物理等方面，能提供更丰富的信息，是磁测量技术的发展趋势。目前国内由于缺乏移动式地磁矢量测量仪器，在航空和海洋地磁矢量测量应用方面几乎一片空白。

本书设计的捷联式地磁矢量测量系统使用方便、携带方便、通用性强，在航空、陆地和海洋地区均可使用。捷联式矢量系统具有以下几个优点：能有效克服TMI测量缺点；根据磁异常矢量信息，可判断磁性物体姿态；提供更丰富的信息，有利于地质结构分析和找矿；与传统的机载测量相比，该系统便携、成本低，而且受飞机抖动影响小；不仅可以用于机载测量，而且在小区域磁异常测量更有效；除了陆地测量和机载磁场矢量测量，可用于传统的方法难以测量的地方，例如，水下。

此外，分析了该系统误差机理，建立了各类误差模型和综合误差模型，分析了各种误差对矢量系统测量精度的影响，掌握了该系统主次误差因素及具体影响数值；通过误差影响规律分析，明确了各误差环节的指标要求，为后续工作提供理论指导。

(2) 提出了快速高精度校正算法、通用性强的数据采样策略、非线性误差一体化校正、基于最小二乘支持向量机的温度误差抑制方法，解决了磁传感器校正的多个关键问题。

针对磁传感器刻度因子、零偏、非正交误差，提出了磁传感器校正优化算法。磁传感器由于装配和电器电路原因，存在刻度因子、零偏、非正交误差，不仅对地磁矢量测量造成影响，而且直接影响非对准角和干扰参数的计算，磁传感器校正是提高地磁矢量测量精度的基础。参数估计算法是磁传感器校正的核心。推导了磁传感器误差模型，提出了 L-M 校正算法、微分进化算法，并与 UKF、高斯-牛顿、RLS、遗传算法进行了对比研究，结果表明提出的 L-M 算法计算时间短、校正精度高、鲁棒性好、对初始参数不敏感，综合优势明显。

采样策略影响三轴磁传感器参数估计准确性，对采样策略进行了定量分析，提出了对称采样策略法。该策略代表更多的姿态信息，与正交采样策略和随机采样策略进行了对比，结果表明该策略估计参数更加准确，误差抑制比更高，而且估计参数通用性更好。

提出了非线性一体化校正模型，抑制了磁传感器非线性，大幅提高了磁传感器校正精度。磁传感器参数，例如刻度因子是非线性的，制约了传统模型校正性能，提出了一种新的三轴磁传感器校正模型，考虑了各轴刻度因子非线性，传感器校正精度进一步提高 3 倍以上，有效解决了传统校正模型的非线性问题。

提出了基于最小二乘支持向量机的温度误差补偿法，建立了通用性良好的温度补偿模型。由于难以保证外加激励磁场与传感器轴完全一致，微小的角度误差将影响刻度因子的测量精度，难以分别对刻度因子和零偏温度特性进行测试。基于数学统计思想，提出了基于最小二乘支持向量机的温度补偿方法，该方法无须严格要求外加激励磁场与传感器轴保持一致，解决了难以分别进行刻度因子和零偏温度特性测试的问题，使用过程中，仅需知道环境温度与磁场测量值，即可实现快速补偿。

(3) 提出了基于磁/重投影不变原理的非对准校正方法，解决了惯导与磁传感器坐标系传递问题。

地磁矢量系统中惯导为磁传感器提供姿态信息，磁传感器与惯导坐标系难以通过机械手段进行对准，由于两者坐标系不可视，而且两者测量不同物理量，难以直接对准。提出了基于磁场/重力在固定坐标系投影不变原理的非对准校正方法：以正六面体中间坐标系，建立磁/重投影三分量的约束关系，分别计算磁传感器与正六面体坐标系之间的非对准角和惯导坐标系与正六面体坐标系之间的非对准角，从而间接计算出惯导与磁传感器坐标系之间的非对准角。因为磁场方向和大小信息难以获取，甚至需要借助专业的地磁台站。本校正方法对空间磁场的方向和大小没有严格要求，无须知道当地地理坐标系的磁场信息（地磁分量、磁偏角、磁倾角），无须引入加速度计的姿态信息，也无须知道转台某个轴上的磁场信息，而且避免了使用转台转动时的机械振动和滑动。

提出了基于磁场/重力在平面垂直线上投影不变原理的非对准校正方法：转动正六面体，利用转动过程中磁/重在转动轴投影值不变原理，建立转动轴分量的磁场/重力约束关系，间接计算惯导与磁传感器之间的非对准角。两种非对准校正方法均能有效克服机械上难以实现坐标系对准的难题。

分析了重力扰动误差引起的惯导系统测量误差，并且分析了对非对准校正的影响；分析了加速度计固定误差对惯导系统测量和非对准校正的影响；提出了加速度计固定误差校正方法，并进行了仿真分析，有效实现了加速度计固定误差校正。对影响惯导测量和非对准校正的因素进行了更全面、详细的分析，内容更完备。

（4）提出了基于分量约束的惯导干扰补偿方法，克服了传统的总量约束法难以用于分量补偿的不足之处，抑制了干扰分量。

惯导干扰达到几千 nT，严重影响地磁矢量系统测量精度。传统干扰补偿技术均采用基于总量约束的干扰补偿方法，难以用于地磁矢量测量系统分量补偿。

对总量补偿法的分量补偿有效性进行了理论推导、仿真分析、实验验证。针对总量补偿法的不足，提出了基于直角台的分量补偿方法，借助直角台提供真实分量值，且保证安装惯导前后磁传感器姿态不变，实现硬磁、软磁参数准确估计，克服了总量约束法中干扰参数相互耦合的不足之处。

实际使用过程中，载体会引入新的干扰，导致干扰参数改变，而且相同载体在不同状态下，干扰也可能发生改变，因此直角台法仅适用于载体干扰小且干扰参数恒定的情况。为了进一步提高实用性，提出了基于相对姿态信息的分量补偿法，即利用惯导提供的相对姿态变化信息，进行分量补偿。无须制作直角台，也无须严格紧靠直角台的烦琐操作，且能同时补偿载体干扰，具有更高的实用性。

基于相对姿态信息的分量补偿法估计参数过程为非线性估计，由于待估参数较多，初始值选择对参数估计结果有一定影响。提出了基于基准地磁信息的分量补偿法，借助当地地磁信息进行分量补偿，该方法利用惯导姿态和当地地磁信息，建立未知参数的磁场分量线性约束关系，无须直角台法的烦琐操作，也无须解高维度的非线性方程组。几种方法均能有效补偿干扰分量，根据不同情况选择分量补偿方法。

载体高速运动情况下，存在磁涡流干扰。考虑涡流磁场，完善三轴磁传感器测量模型，提出了磁涡流干扰一体化补偿方法，并进行了仿真和实验研究，为进一步涡流分量补偿奠定基础。

(5) 设计了地磁矢量系统性能测试和磁异图绘制实验，验证了该系统在磁异常测量方面的优势。

对校正补偿后的地磁矢量系统进行了三维静态和小范围动态性能测试，经过磁传感器校正、非对准校正和干扰分量补偿后，北、天、东地磁矢量测量误差分别降低到原来的2.09%，2.0%和3.4%，说明提出的方法能有效提高测量精度。该地磁矢量系统用于区域磁异常测量，测量值与理论分析值比较一致，验证了地磁矢量系统能有效克服总量测量法的不足之处。

(6) 研究了地磁矢量拓展应用及相关校正补偿方法。

提出了基于地磁矢量和磁梯度张量的主动式目标定位方法，设计了主动式定位系统。针对主动式定位系统的磁传感器阵列非对准误差，提出了基于无磁转台的磁传感器阵列校正方法，并提出了磁传感器阵列干扰一体化补偿方法。进行了磁目标静态定位和动态定位实验，阵列一体化补偿后，目标定位误差降低到原来的2%。

8.2 工作展望

尽管对地磁矢量测量及校正补偿方法做了深入的理论和实验研究，取得了一些相关成果，但由于该问题涉及领域广、问题多，有很多工作需要进一步完善和深入研究：

(1) 虽然对磁传感器刻度因子、非正交、非线性和零偏误差进行了一体化校正，但磁传感器误差因素多，特别是磁传感器漂移问题需要进一步考虑。需要在不同激励磁场下，进行磁传感器长期漂移实验，获取磁传感器漂移特性，建立漂移补偿方法，进一步提高磁传感器测量准确度，有利于非对准校正、干扰补偿及提高矢量测量精度。

(2) 由于在野外进行实验，磁传感器受到环境影响因素多，特别是白天地磁场日变大。为了有效评估矢量系统测量精度，最好采用地磁日变补偿系统，实时补偿地磁日变和环境噪声。或者在夜晚进行实验操作，降低日变影响。

(3) 惯导测量姿态精度有限，如果打算进一步提高测量精度，需要提高姿态测量精度。需要采用更高精度惯导，或者采用 GPS 等辅助手段进行实时修正。

(4) 进行动态实验：①车载实验：线加速度、角加速度和随机加速度运动。②飞艇实验。③海试。并针对不同采样率情况下的误差进行分析，获取动态测量误差频谱图，分析全程采样误差。

(5) 针对动态振动问题，在硬件方面设计气垫、气床等装置，理论研究方面引入阻尼理论和随机误差理论、振动与噪声理论等减少振动影响。预处理方面，进行卡尔曼滤波，自适应滤波等进行预处理。

(6) 本书研究了结合总量测量的一体化补偿方法，通过智能搜索算法计算一体化补偿参数，三维全姿态下测量误差小于 50nT，小姿态变化下测量误差小于 25nT，下一步可研究工程上更加实用的一体化补偿法。

(7) 需要与中国国土资源航空物探遥感中心和自然资源部进行长期交流，根据需求在工程上进行优化。

研究地磁矢量测量及其应用对于导航、地质结构分析、矿产勘探、磁目标探测等具有重大的意义。本书的研究工作只是抛砖引玉，由于水平有限，书中不足之处在所难免，恳请批评指正。

参考文献

[1] 吴志添. 面向水下地磁导航的地磁测量误差补偿方法研究[D]. 长沙：国防科技大学，2011.

[2] 李季. 地磁测量中载体干扰磁场特性及补偿方法研究[D]. 长沙：国防科技大学，2013.

[3] 周军，葛致磊，施桂国，等. 地磁导航发展与关键技术[J]. 宇航学报，2008，29(5)：1467-1472.

[4] 郭才发，胡正东，张士峰，等. 地磁导航综述[J]. 宇航学报，2009，30(4)：1314-1319.

[5] 张昌达. 航空磁力梯度张量测量-航空磁测技术的最新进展[J]. 工程地球物理学报，2006，3(5)：354-361.

[6] 张昌达，董浩斌. 重力和磁力勘探进入新时期[J]. 物探与化探，2010，34(1)：1-7.

[7] ZOU N, NEHORAI A. Detection of ship wakes using an airborne magnetic transducer[J]. IEEE Transactions on Geosciences and Remote Sensing, 2002, 14(2)：40-42.

[8] HIROTA M, FURUSE T, EBANA K, et al. Magnetic detection of a surface ship by an airborne LTS SQUID MAD[J]. IEEE Transactions on Applied Superconductivity, 2001, 11(1)：884-887.

[9] DRANSFIELD M, ASBJORN G L, CHRISTENSEN N. Aircraft equipped for airborne vector magnetic exploration surveys：US007262601B2[P]. 2007-8-28.

[10] DRANSFIELD M, CHRISTENSEN A, LIU G. Airborne vector magnetics mapping of remanently magnetized banded iron formations at Rocklea, Western Australia[J]. Exploration Geophysics, 2003, 34：93-96.

[11] 张洪瑞，范正国. 2000 年来西方国家航空物探技术的若干进展[J]. 物探与化探，2007，31(1)：1-8.

[12] 熊盛青. 我国航空重磁勘探技术现状与发展趋势[J]. 地球物理学进展，2009，24(1)：113-117.

[13] 吴招才，高金耀，罗孝文，等. 海洋地磁三分量测量技术[J]. 地球物理学进展，2011，26(3)：902-907.

[14] 范晓勇，滕云田，周勋，等. 磁通门经纬仪磁传感器的研制[J]. 地震地磁观测与研究，2012，33(1)：81-87.

[15] WU Z T, WU Y X, HU X P, et al. Calibration of three-axis magnetometer using

stretching particle swarm optimization algorithm [J]. IEEE Transactions on Instrumentation and Measurement,2013,62 (2): 281-292.

[16] HUANG Y, SUN F, WU L H. Synchronous correction of two three-axis magnetometers using FLANN [J]. Sensors and Actuators A: Physical, 2012, 179: 312- 318.

[17] GEBRE-EGZIABHER D. Magnetometer autocalibration leveraging measurement locus constraints[J]. Journal of Aircraft,2007,44 (4): 1361-1368.

[18] 何敬礼. 飞机磁场的自动补偿方法[J]. 物探与化探,1991,9: 464-469.

[19] FOSTER C C,ELKAIM G H. Extension of a two-step calibration methodology to include nonorthogonal sensor axes [J]. IEEE Transactions on Aerospace and Electronic Systems,2008,44 (3): 1070-1078.

[20] GEBRE-EGZIABHER D, ELKAIM G H, POWELL J D, et al. Calibration of strapdown magnetometers in magnetic field domain[J]. Journal of Aerospace of Aerospace Engineering,2006,19 (2): 87-102.

[21] JURMAN D, JANKOVEC M, KAMNIK R, et al. Calibration and data fusion solution for the miniature attitude and heading reference system[J]. Sensors and Actuators A,2007,138: 411-420.

[22] RENK E L,COLLINS W,RIZZO M,et al. Calibrating a triaxial accelerometer-magnetometer[J]. IEEE Control Systems Magazine,2005: 86-95.

[23] VCELAK J,RIPKA P,KUBLK J,et al. AMR navigation systems and methods of their calibration[J]. Sensors and Actuators A,2005,123-124: 122-128.

[24] TIPEK A,DONNELL T O,RIPKA P,et al. Excitation and temperature stability of PCB fluxgate sensor[J]. IEEE Sensors Journal,2005,5 (6): 1264-1269.

[25] PANG H F,CHEN D X,PAN M C,et al. Nonlinear temperature compensation of fluxgate magnetometers with a least-squares support vector machine [J]. Measurment Science and Technology,2012,23: 0250081-6.

[26] NISHIO Y,TOHYAMA F,ONISHI N. The sensor temperature characteristics of a fluxgate magnetometer by a wide-range temperature test for a Mercury exploration satellite [J]. Measurment Science and Technology, 2007, 18: 2721-2730.

[27] SCHONSTEDT E O, IRONS H R. Airborne magnetometer for measuring the earth's magnetic vector[J]. Science,1949,110: 377-378.

[28] BLAKELY R J,COX A,IUFER E J. Vector magnetic data for detecting short polarity intervals in marine magnetic profiles [J]. Journal of Geophysical Research,1973,78(29): 6977-6983.

[29] PARKER R L,BRIEN M S. Spectral analysis of vector magnetic field profiles[J]. Journal of Geophysical Research,1997,102(B14): 24815-24824.

[30] HORNER-JOHNSON B C, GORDON R G. Equatorial pacific magnetic

anomalies identified from vector aeromagnetic data[J]. Geophysical Journal International,2003,155(2): 547-556.

[31] PRIMDAHL F. The fluxgate magnetometer[J]. Journal of Physics E: Scientific Instruments,1979,12: 241-253.

[32] GILBERT D, RASSON J L. Effect on DI flux measuring accuracy due to a magnet located on it [R]. Scientific Technical Report,1998,21: 168-171.

[33] AUSTER H U, AUSTER V. A new method for performing an absolute measurement of the geomagnetic field[J]. Measurement Science and Technology, 2003,14: 1013-1017.

[34] LAURIDSEN E K. Experiences with the declination-inclination (DI) fluxgate magnetometer including theory of the instrument and comparison with other methods[R]. NASA STI/Recon Technical Report N,1985: 86.

[35] RASSON J L. Tests and intercomparisons of geomagnetic instrumentation[C]// Proceedings of 6th Workshop on Magnetic Observatory Instruments, Data Acquisition and Processing. 1996: 16.

[36] HEMSHORN A, AUSTER H U, FREDOW M. DI-flux measurement of the geomagnetic field using a three-axial fluxgate sensor[J]. Measurement Science and Technology,2009,20 (027004): 1-4.

[37] 安振昌. 中国地磁测量、地磁图和地磁场模型的回顾[J]. 地球物理学报,2002, 45(z1): 189-196.

[38] LIU C L,LEE S P. Geomagnetic survey in Southwestern China,1940-1943[J]. Acta Geophysica Sinica,1948,1(1): 68-77.

[39] CHEN P C. A detailed geomagnetics survey of Pehpei District,Szechuan,China [J]. Acta Geophysica Sinica,1948,1(2): 177-186.

[40] 葛致磊,周凤岐,雷泷杰,等. 简要地磁矢量测量方法: CN102636816[P]. 2012-04-26.

[41] 丁跃军,王俊伟. 地磁偏角和倾角测量仪: CN 202995052[P]. 2013-06-12.

[42] 高建东. 一种高精度地磁矢量测量方法及其装置: CN103389517A[P]. 2013-11-13.

[43] ISEZAKI N, MATSUDA J, INOKUCHI H, et al. Shipboard measurement of three components of geomagnetic field [J]. Journal of Geomagnetic and Geoelectrical,1981,33: 329-333.

[44] ISEZAKI N. A new shipboard three-component magnetometer[J]. Geophysics, 1986,51(10): 1992-1998.

[45] SEAMA N,ISEZAKI N. Sea-floor magnetization in the easter part of the Japan Basin and its tectonic implications[J]. Tectonophysics,1990,181(1-4): 285-297.

[46] NOGI Y,SEAMA N,ISEZAKI N. The directions of magnetic anomaly lineations in Enderby Basin, off Antarctica[A]. In Recent Progress in Antarctic Earth

Science. 1992,649-654.

[47] SEAMA N,NOGI Y,ISEZAKI N. A new method for precise determination of the position and strike of magnetic boundaries using vector data of the geomagnetic anomaly field [J]. Geophysical Journal International,1993,113(1): 155-164.

[48] KORENAGA J. Comprehensive analysis of marine magnetic vector anomalies [J]. Journal of Geophysical Research,1995,100(B1): 365-378.

[49] YAMAMOTO M,SEAMA N. Genetic algorithm inversion of geomagnetic vector data using a 2. 5-dimensional magnetic structure model[J]. Earth, Planets and Space,2004,56: 217-227.

[50] LEE S M,KIM S S. Vector magnetic analysis within the southern Ayu Trough, equatorial western Pacific[J]. Geophysical Journal International, 2004, 156(2): 213-221.

[51] LESUR V, CLARK T, TURBITT C, et al. A technique for estimating the absolute vector geomagnetic field from a marine vessel[J]. Journal of Geophysics and Engineering,2004,1: 109-115.

[52] SEAMA N, YAMAMOTO M, ISEZAKI N. A newly developed deeptow three component magnetometer [C]. Eos Trans., AGU Fall Meet., Suppl., 1997, 78(46): 192.

[53] GEE J S,CANDE S C. A surface-towed vector magnetometer[J]. Geophysical Research Letters,2002,29(14): 151-154.

[54] ENGELS M, BARCKHAUSEN U, GEE J S. A new towed marine vector magnetometer: methods and results from a Central Pacific cruise[J]. Geophysical Journal International,2008,172(1): 115-129.

[55] 姚伯初,曾维军,HAYES D E,等. 中美合作调研南海地质专报[M]. 武汉: 中国地质大学出版社,1994.

[56] KIDO Y,SUYEHIRO K,KINOSHITA H. Rifting to spreading process along the northern continental margin of the South China Sea[J]. Marine Geophysical Research,2001,22(1): 1-15.

[57] MERAYO J M G,BRAUER P,PRIMDAHL F,et al. Scalar calibration of vector magnetometers[J]. Measurement Science and Technology,2000,11: 120-132.

[58] PYLVANAINEN T. Automatic and adaptive calibration of 3D field sensors[J]. Applied Mathematical Modelling,2007,32: 575-587.

[59] AUSTER H U,FORNACON K H,GEORGESCU E,et al. Calibration of flux-gate magnetometers using relative motion [J]. Measurement Science and Technology,2002,13: 1124-1131.

[60] PETRUCHA V,KASPAR P,RIPKA P,et al. Automated system for the calibration of magnetometers[J]. Journal of Applied Physcis,2009,105(07E704): 1-3.

[61] RISBO T,BRAUER P,MERAYO J M G,et al. Ørsted pre-flight magnetometer

calibration mission[J]. Measurement Science and Technology,2003,14: 674-688.

[62] ALONSO R, SHUSTER M D. Complete linear attitude independent magnetometer calibration[J]. The Journal of the Astronautical Sciences,2002,50 (4): 477-490.

[63] ALONSO R,SHUSTER M D. Centering and observability in attitude independent magnetometer bias determination[J]. The Journal of the Astronautical Sciences, 2003,51 (2): 133-141.

[64] CRASSIDIS J L, LAI K L. Real-time attitude-independent three-axis magnetometer calibration[J]. Journal of Guidance of Control and Dynamics, 2005,28: 115-120.

[65] WANG X H. Research on adaptive calibration of triaxial magnetometer based on ANN[J]. Proceedings of the 7th World Congress on Intelligent Control and Automation,2008: 7587-7592.

[66] JANOSEK M, BUTTA M, RIPKA P. Two sources of cross-field error in racetrack fluxgate[J]. Journal Applied Physics,2010,107: 09E7131-09E7133.

[67] BRAUER P,MERAYO J,NIELSEN O,et al. Transverse field effect in fluxgate sensors[J]. Sensors and Actuators A,1997,59: 70-74.

[68] RIPKA P, BILLINGSLEY S. Crossfield effect at fluxgate[J]. Sensors and Actuators A,2000,81: 176-179.

[69] GORDON D,LUDSTEN R,CHIARODO R. Factors affecting the sensitivity of gamma-level ring-core magnetometers[J]. IEEE Transaction on Magnetics,1965, 1(4): 330-337.

[70] MARSHALL S. An analytic model for the fluxgate magnetometer[J]. IEEE Transaction on Magnetics,1967,3(3): 459-463.

[71] PRIMDAHL F. The fluxgate mechanism, part 1: The gating curves of parallel and orthogonal fluxgates[J]. IEEE Transaction on Magnetics, 1970, 6 (2): 376-383.

[72] NIELSEN O,PETERSEN J,PRIMDAHL F,et al. Development,construction and analysis of the "Oersted" fluxgate magnetometer[J]. Measurement Science and Technology,1995,6: 1099-1115.

[73] KEJIK P, CHIESI L, IANOSSY B, et al. A new compact 2D planar fluxgate sensor amorphous metal core[J]. Sensors and Actuators A,2000,81: 180-183.

[74] NIELSEN O, BRAUER P, PRIMDAHL F, et al. A high-precision triaxial fluxgate sensor for space applications: layout and choice of materials[J]. Sensors and Actuators A,1997,59: 168-176.

[75] HINNRICHS C, PELS C, SCHILLING H. Noise and linearity of a fluxgate magnetometer in racetrack geometry[J]. Journal of Applied Physics, 2000, 87: 7085-7087.

[76] RIPKA P,VOPÁLENSKÝ M,PLATIL A,et al. AMR magnetometer[J]. Journal of Magnetism and Magnetic Materials,2003,254: 639-641.

[77] BRAUER P, RISBO T, MERAYO J, et al. Fluxgate sensor for the vector magnetometer on board the "Astrid-2" satellite[J]. Sensors and Actuators A, 2000,81: 184-188.

[78] VUILLERMET Y,AUDOIN M,CUCHE R. Application of a non-linear method of moments to predict microfluxgates output[J]. Sensors and Actuators A,2010, 158: 212-216.

[79] GEILER A, HARRIS V, VITTORIA C, et al. A quantitative model for the nonlinear response of fluxgate magnetometers[J]. Journal of Applied Physics, 2006,99: 08B3161-08B3163.

[80] BICKEL S H. Error analysis of an algorithm for magnetic compensation of aircraft[J]. IEEE Transactions on Aerospace and Electronic System,1979,AES-15 (5): 620-626.

[81] BICKEL S H. Small signal compensation of magnetic fields resulting from aircraft maneuvers[J]. IEEE Transactions on Aerospace and Electronic System, 1979, AES-15 (4): 518-525.

[82] VASCONCELOS J F,ELKAIM G,SILVESTRE C,et al. A geometric approach to strapdown magnetometer calibration in sensor frame[J]. IEEE Transactions on Aerospace Eletrical System,2011,47: 1293-1305.

[83] LASSAHN M P, TRENKLER G. Vectorial calibration of 3D magnetic field sensor arrays[J]. IEEE Transactions on Instrumentation and Measurement,1995, 44 (2): 360-362.

[84] NAKANO K,TAKAHASHI T,KAWAHITO S. A CMOS rotary encoder using magnetic sensor arrays[J]. IEEE Sensors Journal,2005,5 (5): 889-894.

[85] BONGARD M W,FONCK R J,LEWICKI B T,et al. A hall sensor array for inertia current profile constraint[J]. Review of Scientific Instruments, 2010, 81(10E105): 1-4.

[86] HU C, MENG Q H, MANDAL M. The calibration of 3-axis magnetic sensor array system for tracking wireless capsule endoscope[J]. Proceedings of the 2006 IEEE/RSJ International Conference on Intelligent Robots and Systems, 2006: 162-167.

[87] ZHU R, ZHOU Z Y. Calibration of three-dimensional integrated sensors for improved system accuracy[J]. Sensors and Actuators A,2006,127: 340-344.

[88] VCELAK J,RIPKA P,PLATIL A,et al. Errors of AMR compass and methods of their compensation[J]. Sensors and Actuators A,2006,129: 53-57.

[89] KUBIK J, VCELAK J, DONNELL T O, et al. Triaxial fluxgate sensor with electroplated core[J]. Sensors Actuators A,2009,152: 139-145.

[90] PRIMDAHL F. Temperature compensation of fluxgate magnetometers[J]. IEEE Transactions on Magnetics, 1970, 6 (4): 819-822.

[91] TIPEK A, DONNELL T O, RIPKA P, et al. Excitation and temperature stability of PCB fluxgate sensor[J]. IEEE Sensors Journal, 2005, 5 (6): 1264-1269.

[92] NISHIO Y, TOHYAMA F, ONISHI N. The sensor temperature characteristics of a fluxgate magnetometer by a wide-range temperature test for a Mercury exploration satellite[J]. Measurement Science Technology, 2007, 18: 2721-2730.

[93] VČELÁK J. Calibration of triaxial fluxgate gradiometer[J]. Journal of Applied Physics, 2006, 99 (08D913): 1-3.

[94] PLOTKIN A, PAPERNO E, SAMOHIN A, et al. Compensation of temperature drift errors in fundamental-mode orthogonal fluxgates [J]. IMTC 2006 -Instrumentation and Measurement Technology Conference, 2006: 1201-1204.

[95] NILS O, TØFFNER-CLAUSEN L, SABAKA T J, et al. Calibration of the Ørsted vector magnetometer[J]. Earth Planets Space, 2003, 55: 11-18.

[96] PEDERSEN E B, PRIMDAHL F, PETERSEN J R, et al. Digital fluxgate magnetometer for the Astrid-2 satellite[J]. Measurement Science Technology, 1999, 10: N124-N129.

[97] PANG H F, CHEN D X, PAN M C, et al. Improvement of magnetometer calibration using levenberg-marquardt algorithm[J]. 2014, 9(3): 324-328.

[98] MORÉ, J J. The levenberg-marquardt algorithm: Implementation and theory[M]. Springer Verlag, 1977.

[99] PRICE K V, STORN R M. LAMPINEN J A. Differential evolution-A practical approach to global optimization [M]. Springer-Verlag, Berlin Heidelberg; Michigan, 2005.

[100] STORN R M, PRICE K V. Differential evolution: a simple and efficient adaptive scheme for global optimization over continuous spaces [M]//Global optimization. 1997, 11: 341-359.

[101] HOLLAND J. A daptation in natural and artificial systems[M]. The University of Michigan Press, 1975.

[102] JURMAN D, JANKOVEC M, KAMNIK R, et al. Calibration and data fusion solution for the miniature attitude and heading reference system[J]. Sensors and Actuators A, 2007, 138: 411-420.

[103] ZHANG H L, WU Y X, WU W Q, et al. Improved multiposition calibration for inertial measurement units[J]. Measurement Science and Technology, 2010, 21: 1-11.